中国十大茶叶区域公用品牌之

信阳毛尖

袁泉 李伟 · 主编

中国农业出版社 · 北京

图书在版编目（CIP）数据

中国十大茶叶区域公用品牌之信阳毛尖 ／ 袁泉，李伟主编． —— 北京 ：中国农业出版社，2022.8
ISBN 978-7-109-26913-2

Ⅰ.①中… Ⅱ.①袁… ②李… Ⅲ.①茶叶－介绍－信阳 Ⅳ.①TS272.5

中国版本图书馆CIP数据核字(2020)第095101号

中国十大茶叶区域公用品牌之信阳毛尖
ZHONGGUO SHIDA CHAYE QUYU GONGYONG PINPAI ZHI XINYANG MAOJIAN

中国农业出版社出版
（北京市朝阳区麦子店街18号楼）（邮政编码 100125）

责任编辑：姚　佳
版式设计：姜　欣　　责任校对：赵　硕

北京中科印刷有限公司印刷
新华书店北京发行所发行
2022年8月第1版
2022年8月北京第1次印刷

开本：700mm×1000mm　1/16
印张：11.25
字数：198千字
定价：88.00元

《中国十大茶叶区域公用品牌丛书》
专家委员会

本书编委会

主　编：袁　泉　李　伟

副主编：宋士奇　金开美　马哲峰　姚　佳

编　委（以姓氏笔画为序）：

丰智利　王雪芹　田禺峰　刘文新　杜靖华

李　宏　李凌羽　杨建峰　沈　苹　宋玉玲

张　皋　张卫星　张伟红　陈启军　周云霞

周其鹏　周家军　贾作平　徐　婷　郭桂义

黄　寅　黄执优　董　涛　赖　刚　潘　俊

总　序

　　茶产业，是我国农业产业的重要组成部分。习近平总书记高度重视茶产业发展和茶文化交流，他在给首届茶博会发来的贺信中希望，弘扬中国茶文化，以茶为媒、以茶会友，交流合作、互利共赢，共同推进世界茶业发展，谱写茶产业和茶文化发展新篇章。2017年的中央1号文件强调，要培育国产优质品牌，推进区域农产品公用品牌建设，支持地方以优势企业和行业协会为依托打造区域特色品牌，引入现代要素改造提升传统名优品牌，强化品牌保护，聚集品牌推广。为此，农业部认真贯彻落实习近平总书记重要指示精神和中央要求，高度重视茶产业建设和茶业品牌建设，将2017年确定为"农业品牌推进年"，开展了一系列相关活动。同年5月18—21日，农业部和浙江省政府共同主办了首届中国国际茶叶博览会，会上推选出了"中国十大茶叶区域公用品牌"，分别为：西湖龙井、信阳毛尖、安化黑茶、蒙顶山茶、六安瓜片、安溪铁观音、普洱茶、黄山毛峰、武夷岩茶、都匀毛尖。

　　神州大地，上至中央，下至乡村，各级政府、企业、农户对农业品牌化建设给予了高度重视，上下联动，积极探寻以品牌化为引领，推动农业供给侧结构性改革。为贯彻落实党中央以及农业部"推进区域农产品公用品牌建设"的精神，做强中国茶产业、做大中国茶品牌、做深中国茶文化，助推精准扶贫，带动农业增收致富，中国农业出版社组织编写了"中国十大茶叶区域公用品牌丛书"，详细介绍我国十大名茶品牌，传播茶文化，使广大读者能更好地了解中国十大茶叶区域公用品牌的品质特性与文化传承，提升茶叶品牌影响力、传播茶文化，推动茶产业的可持续健康发展。

我们期待"中国十大茶叶区域公用品牌丛书"的出版，能为丰富茶文化宝库和提升茶产业发展做出贡献，能为人民的物质生活和精神财富提供丰富的"食粮"，能为全球人民文化交流和增进友谊带来更多的益处。但是我们也深知"中国十大茶叶区域公用品牌丛书"是一项综合工程，牵涉面很广，有不足之处，恳请诸方家指教。这一出版工作能为繁荣茶文化、促进茶经济献出一份力量，能为"一带一路"建设增添一砖一瓦，我们的目的就达到了。

中国农业科学院茶叶研究所研究员

"中华杰出茶人"终身成就奖获得者

本丛书主编

2020 年 6 月

一杯茶香醉人心（代序）

信阳毛尖从东周开始，距今已有2 300多年的历史了。老祖宗留下的千古名茶，对后辈来说，在继承的基础上如何传承和发扬，是任重而道远的事情。

我在20世纪90年代末期开始接触茶，便一发不可收拾地爱上了它。那时候根本就是一腔热忱，曾为一个毛尖"炸边"的名词都要刨根问底地搞清楚，闹出不少的笑话。

特别感谢文新茶叶公司领导的栽培和教导，带我步入了五彩斑斓的茶世界；更要感谢茶路上所有给予我帮助的领路人，我不懂茶，却又抵挡不住茶的诱惑，一步一步，愈发不可收拾。

马哲峰兄说：能在最美的年华，遇到最好的茶，何尝不是一种幸福。唯愿与茶相守相伴，但愿茶老人未老……

是啊，如果心是一杯茶，便不再遵循各自的泡法，也许你想清饮，他想调饮……别人在做什么，在想什么，我们始终无法掌握，也无法控制。

正如对信阳毛尖的情结，欲罢不能。

唯一能做的，就是做好自己。懂得茶的包容，学会用宽容的胸怀，善良的言行，对待身边所有的人和事。

小小茶叶，是传承千年的文明因子；片片香茗，是醉美万里的山峦精灵；如心灵深处一泓碧水，却暗含了生命的精华，但表象隐藏得很深，没有经历对它的爱恨交织，永远搞不懂茶之精粹。

惬意人生亦是如此，泡茶的过程何尝不是人生的过程？李伟先生说：当见识配不上梦想的时候，你才知道停留喝茶的时光对生命的可贵。

二十年来，我的梦想始终是围绕着茶而转动，没了茶，生活的意义便失去大半。它犹如春天里最后的一朵玫瑰，让人眷恋，让人遐想……

曾经的青春，已经渐渐地远离。这个时候我们就不能再像少年时一样肆意挥霍自己的青春，只能更加呵护自己才能维持好身体的状态。

那么，请喝茶吧。

二十似酒，四十如茶。这个年龄是否看得清楚，都会迎来下一个波澜不惊……因为茶就像一朵自在的云，你把心轻放，生活就是一杯芬芳的茶。愿你千山暮雪海棠依旧，不为岁月惊扰平添忧愁。

信阳毛尖，那一抹醉人的芬芳……

是为序。

袁　泉

2021 年 6 月

目 录

总序

一杯茶香醉人心（代序）

第一章

信阳毛尖的历史与传承

一、信阳概况

信阳市位于鄂豫皖三省交接处，是江淮河汉之间的战略要地。全市总面积约 1.89 万平方千米，总人口 858.96 万人，辖 8 县 2 区。

信阳历史悠久，文化厚重，是一座"古"城。西周时期，信阳是申伯的封邑地，秦时设义阳乡，北宋改称信阳。信阳有豫楚交融的地域文化，商周、春秋、战国以后，细腻浪漫的楚文化与绵密柔美的中原文化在此交融、发展，形成了特色鲜明的淮河文化。信阳是姓氏之根，当今汉姓 100 个大姓中，有黄、赖、罗、蒋等 13 个源于信阳或有一支源头在信阳。孔子周游列国的终点、子路问津处都在信阳，司马光砸缸、亡羊补牢的故事也发生在信阳。从这里出土的战国编钟极负盛名。

（一）自然地理

信阳处于亚热带向暖温带过渡区，季节气候明显，又兼有山地气候特点。光照充足，雨量丰沛，气候温暖湿润，能满足多种植物培育和生长的需要，因而农副产品丰富。

在地貌上，信阳既有绵延重叠的崇山峻岭，也有冈峦起伏的低山丘陵，既有坦荡无垠的平原，也有群山环绕的盆地，旅游和矿产资源都非常丰富。

（二）历史沿革

西周至春秋时期，信阳境内分封有申、息、弦、黄、江、蒋、蓼等侯国。申国（姜姓），都城在今南阳市北，其疆域后来扩展至今平桥区、浉河区一带，另筑谢城（遗址在今平桥区平昌关镇）。息国（姬姓），为周文王之子羽达的封地，国都在今息县城西南 6 公里的青龙寺。弦国（隗姓），国都在今光山县城西 5 公里处。黄国（嬴姓），国都遗址在今潢川县隆古乡。江国，国都在今正阳县，辖地包括罗山县北部。蒋国，为周公旦之子伯龄封地，国都在今淮滨县期思镇。蓼国，相传为夏代皋陶裔孙封地，春秋时国都建于今固始县城东北 6 公里的蓼城岗。

从公元前688年开始，楚国相继吞灭上述各国，委派县尹（尊称为县公）进行管理，设置了直属于楚国中央管辖的地方政权——申县、息县、期思县，是为信阳市设县之始。

此期，省下设道，信阳、罗山、息县、潢川、光山、商城、固始7县归豫南道管辖。1914年，豫南道改称汝阳道。

中华民国成立后，废州改县，信阳州、光州于1913年分别改为信阳县和潢川县。

❦ 信阳鸡公山风景区鸡公傲然

❦ 罗山灵山寺

❤信阳南湾湖浩瀚烟波

❤信阳浉河港黄庙童子山茶园水天一色

二、话说信阳毛尖

信阳的名茶，在唐代就有记载，唐代陆羽《茶经》和唐代李肇《国史补》中把义阳茶列为当时的名茶。宋代，在《宋史·食货志》和宋徽宗赵佶《大观茶论》中把信阳茶列为名茶。元代，据元代马端临《文献通考》载有"光州产东首、浅山、薄侧"等名茶。明代，对名茶方面的记载很少。清代，茶叶生产得到迅速恢复。清代中期是河南省茶叶生产又一个迅速发展时期，制茶技术逐渐精湛，制茶质量越来越讲究，在清末出现了细茶信阳毛尖。

清光绪末年（1903—1905），原是清政府住信阳缉私拿统领、旧茶业公所成员的蔡祖贤，提出开山种茶的倡议。

当时曾任信阳劝业所所长、有雄厚资金来源的甘以敬积极响应，他同王子漠、地主彭清阁等于1903年在信阳震雷山北麓恢复种茶，成立元贞茶社，从安徽请来一名姓余的茶师，帮助指导茶树栽培与制作。

1905—1910年，甘以敬又邀请陈玉轩、王选青等人在信阳骆驼店商议种茶，组织成立宏济茶社，派吴少渠到安徽六安、麻埠一带买茶籽，还请来六安茶师吴著顺、吴少堂帮助指导种茶制茶。

制茶法基本上是沿用"瓜片"茶的炒制方法，用小平锅分生锅和熟锅两锅进行炒制。炒茶工具采用帚把，生锅用把长0.5米、把粗0.1米的帚把2个，双手各持1把，挑着炒。熟锅用大帚把代替揉捻。这就是信阳毛尖最初的制作技术。

1911年，甘以敬又在甘家冲、小孙家成立裕申茶社，在此带动下，毗邻各山头茶园发展均具有一定规模。茶商唐慧清到杭州西湖购买茶籽并学习龙井炒制技术。回来后，在"瓜片"炒制法的基础上，又把"龙井"的抓条、理条手法融入信阳毛尖的炒制中去。改生锅用小帚把炒制，生熟锅均用大帚把炒制。用这种炒制法制作的茶叶就是当今中国名茶信阳毛尖的雏形。

民国时期，茶叶生产又得到大力发展，名茶生产技术日渐完善。信阳茶区又先后成立了五大茶社，加上清朝末期的三大茶社统称为"八大茶社"。由于"八大茶社"注重制作技术上的引进、消化与吸收，信阳毛尖加工技术得到完善，1913年产出了品质很好的本山毛尖茶，命名为"信阳毛尖"。

为了迎接1915年巴拿马运河通航而举行的万国博览会，1914年，信阳县茶区积极筹备参赛茶样，品种有：贡针茶、白毫茶、已熏龙井茶、未熏龙井茶、毛尖茶、珠三茶、雀舌茶。1915年2月，在巴拿马万国博览会上，经评判，信阳毛尖茶以外形美观、香气清高、滋味浓醇的独特品质，被授予世界茶叶金质奖状和奖章。信阳毛尖从此成为河南省优质绿茶的代表。

中华人民共和国成立后，信阳茶叶生产得到更大的发展，信阳毛尖茶生产技术得到推广，生产区域不断扩大。1958年，信阳毛尖在全国评茶会上被评为全国十大名茶。

到1993年，信阳的浉河区（原信阳市）、平桥区（原信阳县）、罗山县、满川县、固始县、光山县、商城县、新县、息县7县2区都有信阳毛尖茶生产。

河南省文学院名誉院长郑彦英先生在《国茶闲考》中写到：古人称茶作荼，即人在草木之间。汉以后，称茶即草木之中。有人唐时以茶作为对小女孩的美称。金、元好问诗：牙牙娇语总堪夸，闲念新诗似小茶……今人饮茶论品，程序繁雅，谓之茶道。

"大山有别，水佳为淮。人言皆信，日升呈阳。"信阳，素有"江南北国，北国江南"之美誉。独特的地理位置，良好的自然条件和茶乡人民的勤劳智慧，共同孕育出信阳茶的卓越品质和灿烂文化，谱写了百年金奖，百年辉煌的精彩篇章。

信阳毛尖，又称豫毛峰，中国十大名茶之一，条索紧秀，细圆光直多白毫，香高味浓，被誉为"绿茶之王"。

信阳毛尖据历史考证已有2300年传承：发乎神农，闻于周公。盛在大唐，兴于两宋。胜于明清，繁在当今。其精美繁复的工艺，精准精确的供给侧，精益精深的大工匠技艺。通过筛选、杀青、风选、生锅、手工抓条、揉捻、烘焙、复焙、提香等诸多工艺，最终呈现一杯好茶。

唐，陆羽《茶经》载：淮南茶，光州上。宋，苏轼亦赞誉云：淮南茶，信阳第一。来自深山，采在春天。品味毛尖，让沉淀的味蕾在新茶中绽放……

❦信阳毛尖主产区浉河港文新万亩生态茶园

❦信阳毛尖发源地车云山茶场毛尖

❦信阳毛尖主产区谭家河大庙贩茶场毛尖

❦信阳毛尖主产区浉河港黄庙茶场毛尖

三、信阳毛尖茶传入的四种推论

种茶技术的传播，同其他物种一样，皆与当时的政治、经济、文化、交通、气候等有密切关系。一般认为：我国茶事最早在云南，后传入四川，逐步传种到全国各地。

信阳毛尖茶是如何传入的，这也成为信阳当地乃至茶界都极力辩证的科目，且有如下四种推论。

（一）经川陕汉水流域传入

常璩《华阳国志·巴志》记载：周武王会合四川的一些少数民族共讨殷纣王时，少数民族首领把巴蜀茶叶带去进贡，并有"园有芳蒻香茗（茶）"的记载。这里记载的园中有香茗，说的也就是人工栽培的茶树。也就是说西周初年，四川已开始人工栽茶。西周时，陕西是西周的政治中心，但物产不及四川丰富。为便于物资交流，周王朝开始开辟川陕交通。随着川陕"栈道"的开辟，人工种茶由四川传入陕南巴山山区。当时，由于秦岭以北气候寒冷，茶树不能向西北推移，只能沿汉水东移。

到东周时，河南为东周的政治、经济中心（都城洛邑，今洛阳）。人工种茶沿汉水经湖北襄州（襄阳）传到河南义阳，也就是现今的信阳及周边地区。之后，又向东传至光州（光山）、潢川、固始、商城等几县。

战国时代，安徽、山东成为政治、经济中心，茶树再向东移。战国末期，秦将司马错曾于周赧王七年（公元前308），率巴众十万船舶万艘，米六百万斛，浮江伐楚。

秦被推翻后，刘邦和项羽争天下，刘邦占巴蜀后利用巴蜀人力、物力攻打项羽。在这百年战争期间（公元前308—前206），人工种茶又经四川传至长江中下游各省。这时，豫、鲁、皖、苏等地不仅茶树得到大面积种植，而且饮茶已非常普遍。

翻检历史，东晋时期常璩所编著的地方志——《华阳国志·巴志》，应该是我国最早记述茶叶种植的志书。这部书中有周武王姬发伐灭商后，巴地封国向武王进贡的文字，称贡品有五谷六畜、桑蚕经麻、鱼盐铜铁、丹漆茶蜜、灵龟巨犀、山鸡白雄、黄润鲜粉，并特别强调："其果实之珍者，树有荔支（枝），蔓有辛药，园有芳蒻香茗。"从这段文字看，早在3 000年前四川就有了人工种茶。

《茶业通史》一书中说，西周初年，云南茶树传入四川，后往北迁移至陕西。以秦岭山脉为屏障，抵御寒流，故陕南气候温和，茶树在此生根。因气候条件限制，茶树不能再向北推进，只能沿汉水传入东周政治中心的河南。这和茶的流向历史记载吻合。因此，作者据此推论信阳种茶是经川陕汉水流域传入的。

❧ 台北故宫馆藏（清）翡翠盖碗

（二）因王室贡茶而传入

巴蜀王国为什么要把茶作为贡品，西周王室又把茶作何用？

史书《尚书·周书·顾命》记载："王三宿，三祭，三诧（即茶）。"说明茶不仅供饮用，而且是重要的祭品。为了掌管这些贡茶，西周王室专设掌茶（茶）一职，下有24人之多。《周礼·地官司徒》中说："掌荼，掌以时聚荼，以共丧事，征野疏材之物，以待邦事。"可见，茶是邦国举行祭礼时不可或缺的祭品。

又据李伟先生《信阳毛尖专辑》中记载，公元前770年，周平王迁都洛邑（今洛阳），东周开始。茶叶药用抑或饮用随即在洛阳及周边地区盛行起来。可以想象，帝王推崇之物自然备受民间追捧。于是人们对茶叶品质要求之高当然在情理之中，其用量之大也是可以想象的。因此，仅靠巴国进贡的茶叶远远不能满足实际需求，加之战乱不断，诸侯并起，巴国是否仍源源不断地进贡茶叶也未可知。朝廷在洛阳就近寻找适宜种植茶树的地方，以满足自己的需求也是迫不得已的事。这样，离洛阳最近又适宜种植茶树的信阳地区大别山脉和桐柏山脉就成为皇家御用茶园的风水宝地。

至今，信阳当地人还保留着逢年过节，把烟、酒、茶、肉食等摆放在贡桌上，烧纸磕头打拱祭奠祖先。

❧信阳毛尖20世纪80年代车云山、黑龙潭、何家寨茶场茶样（现存于信阳农林学院）

（上）1984年制定信阳毛尖特级标准茶样
（下左）黑龙潭1984年信阳毛尖春茶样
（下中）何家寨1984年信阳毛尖春茶样
（下右）车云山1984年信阳毛尖春茶样

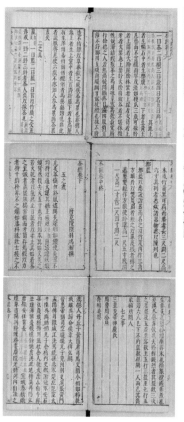

❧明代刻本《茶经》局部

（三）因战争而传入

周宣王时（公元前827—前782），召公征伐淮夷取得胜利，信阳区域内的各诸侯国方取得周王室邻国封地的许可，同时增封申伯为淮河上游谢地领地侯，地址在今信阳平昌关。

东周和战国后期，秦与六国之间战争频繁。公元前334年，楚威王下令入滇，以滇为中心扩地数千里，因此触怒了秦国。

公元前316年，秦惠王灭蜀国、巴国与苴国以后，继续向东扩张，疆域至黄河函谷关，并多次在河南作

1956年，信阳长台关出土战国编钟，被誉为千年国宝天籁之音

战，这就为茶绕道陕西传入河南创造了条件。

公元前308年，秦又派大将司马错率兵伐楚，夺取楚滇中郡。秦灭六国后，迁天下富豪12万户至咸阳，征有罪的商贾为兵，取南方桂林。更为壮观的是，秦发大军50万守五岭，与土著杂居。

在战乱频繁和人口大量迁徙的情况下，人的迁徙从而引发物种迁徙是说得通的。所以原产于西南的茶树被传播到天下一统的中国各地，也是很自然的事。

秦伐楚之后，巴、蜀之茶沿长江水系传到了中下游各地，秦大军为经略岭南，命史禄运粮水道，开凿秦渠，使湖南的湘江和广西的漓江南北合流，联结了长江和珠江两大水系，这一壮举使茶叶得以传播，种茶、饮茶之风遍野江南。

1972—1974年考古发现的湖南长沙马王堆汉墓，一号墓（公元前160）和三号墓（公元前65），随葬清册中有一笥的竹简文，据考证，"檟"是"槚"的异体字，即苦茶。并出土了一个刻有"荼陵"的石印，"荼"即"茶"，据说这

个县名和神农氏有关。茶陵是湖南的一个县名，盛产名茶，至今茶事活动仍然活跃。马王堆汉墓这两样随葬品说明那个时期茶在湖南已广泛存在，地位十分重要，并开始作为一种祭品使用了。

（四）信阳原居民自种

固始县白狮子地14号墓挖掘出土的茶叶，说明了信阳种茶的历史是信阳原居山民自种推论之一。1987年3月，信阳地区文管部门对固始县砖瓦厂工人取土时发现的白狮子地14号墓进行发掘。这是一个战国时期的双椁三棺竖穴墓，发掘时发现主棺盖上放有20～30厘米厚的茶叶，并用棕绳结成网网着。墓主人的身份并非王侯，而是一般士大夫阶层。这一发现印证了《周礼·地宫司徒》中的记载："掌荼，掌以时聚荼，以共丧事。"说明茶在当时也是统治阶级供丧事用的物品。可以肯定的是，当时的士大夫贵族阶层用那么多的茶"以共丧事"，可见那时固始的茶叶种植是有一定面积的。

翻开人类发展的历史，我们不难看出，人类对农业的认识经历的第一个跨越是由采集农业向种植农业的转变。对茶叶的认识也不例外，必然也会经过从自然采集到种植采集的转变。看一个地方产茶的历史，不能凭这个地方的野生茶树如何古老，而应看它人工种茶是从何时开始的。在云南思茅、临沧、勐海一带，近些年来，不断发现了1000年乃至3000多年的野生茶树，这就说明3000多年前这里就有可能有了人工种茶繁育的证明。

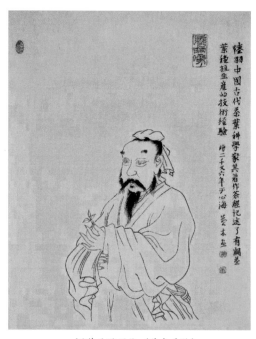

茶圣陆羽像（黄木手绘）

众所周知，孔明在云南被尊为"茶祖"，就是因为他在征战云南时把植茶技术传入当地，利用并改造了云南大面积的野生茶树，促进了当地少数民族经济的发展。当地人民为了

❤ 元 赵孟頫斗茶图

纪念他便塑像立庙，称其为"茶祖"，并在每年农历七月二十三日（即孔明的生日）举办"茶祖会"，祭拜孔明。

茶树在云南由野生向人工种植的过渡和跨越应当是在三国时期完成的。

信阳至今虽未发现像云南那样高大古老的乔木类野生茶树，但2009年文物考古工作者在鸡公山北麓的大茶沟开展文物调查时，在海拔631米的山崖上发现了径围88厘米的灌木类野生古茶树，是信阳茶历史的活化石。我们姑且不论在

❤ 信阳鸡公山大茶沟古茶树

❦信阳鸡公山大茶树鲜叶

❦先民种茶图

极为恶劣的条件下这棵茶树的树龄，但就大茶沟这一地名，至少说明了信阳本地有茶事活动迹象。至于大茶沟这个地名人们叫了多少年，谁也说不清楚。

同时，结合固始县白狮子地14号墓出土的茶叶佐证，说明信阳的先民们早在春秋战国之前就已经完成了野生茶树向人工种植的过渡，为信阳先民自种茶叶提供了有力证据。

四、淮南茶光州上考证

"淮"为生存于淮水边的一种短尾鸟，"淮河"因此得名。淮河与长江、黄河、济水并称"四渎"，全长约1 000公里。淮南系淮河流域的咽喉地段，主要为山区丘陵。古今之区域地理概念是指淮河以南的地区，其中也涵盖江淮地区，还包括今天的江苏、安徽境内的淮河以南地区。

河南信阳因其约70%的地区处于淮南，所以信阳自古属于淮南地区。古书记载的光州亦属淮南区域。

"淮南茶，光州上"语出唐人陆羽《茶经》——"八之出"处，其中，他将唐代全国茶区归纳为八个区域，并将各地所产茶叶分出优劣："上、次、下、又下。"《茶经》是中国现存最早、最完整、最全面介绍茶的第一部专著，由中国茶道奠基人陆羽在唐上元初年（760）所著。据陆羽《茶经》中记载"茶之为饮，发乎神农"，在远古时期，茶就具有饮用功能。而另一记载"神农尝百草，日遇七十二毒，得茶解之"，是说茶的药用功效。

陆羽是一个弃儿、伴口吃，少时被僧人收养，在寺院学会了煮茶，从此迷恋上对茶事的研究。

唐天宝十三年（754），陆羽21岁，有梦想，有抱负。聪明多才，学赡辞逸。他走访完家乡湖北的多个茶区后，北上淮南大别山区，来到了古光州西南一带和罗山县、义阳县。对南部山区的茶叶和淮河源水做了细致考察和记录。之后，又在大别山和淮河之间一路东行，进入古光州管辖的定城县、光山县、仙居县、殷城县、固始（今信阳市的部分区域、安徽省金寨县的部分区域）等县考察。陆羽一路风餐露宿，吃干粮，饮泉水，逢山驻足采茶，遇泉下鞍品水。漂泊的陆羽写下了脍炙人口的《六羡歌》"不羡黄金罍，不羡白玉杯，不羡朝入省，不羡暮入台，千羡万羡西江水，曾向竟陵城下来"，传颂至今。

随后，陆羽用20多年时间走访了中国的各个茶区，后隐居苕溪，并结识了当时的有道高僧皎然和尚和道姑李季兰。得皎然和尚和李季兰的指点和资助，凭借实地考察全国40多个州所获资料、专事著述，七易其稿，终成《茶经》。

当时的唐代，把全国分为十道，陆羽在《茶经》中记载了他走访过的五道、八大茶区，即：山南道、淮南道、江南道、剑南道、岭南道。在"五道八大茶区"的叙述顺序里，陆羽把"山南道老字茶"名列第一，其中有故乡（土）情绪在里面，当是情理之中的。而"淮南茶"名列第二，这绝不仅仅是考察时间先后所为，应该是对淮南茶的内涵（品质）的肯定。遍阅《茶经》，陆羽对八大茶区各产茶州县并没有明确做出全盘排序的选择，而仅仅在一个茶区内做了客观公允的分类。那么这种"和"的态度是否就是陆羽所著《茶经》的初衷所在呢？也或许有"和"才有"合"，陆羽以一个大唐公民"和"的心态祈愿大唐帝国长治久安，繁荣昌盛，可谓用心良苦。

尽管如此，千百年来，信阳茶人们在八大茶区里还是找到了自己的所爱"淮南茶，光州上"，说的自然是今天的信阳毛尖茶名列前茅，成为中国茶千余年来的翘楚，为人们追捧。据考证，淮南茶至今已有2 300多年的历史，其种植始于东周，名于唐，兴于宋，盛于明清。唐代茶圣陆羽的一句"淮南茶，光州上"成为对信阳茶的千古定论。随之引来了宋代大文豪苏东坡的品茗，并称赞"淮南茶信阳第一！"

信阳毛尖（淮南茶）自古以"细、圆、光、直、多白毫、香高、味浓、汤色绿"的独特内涵（品质）饮誉中外，成就了信阳的"金名片"。千余年来，在一代又一代淮南茶人的辛勤耕耘下，生生不息，远古飘香。

🍃 商城县其鹏有机茗茶场茶园基地

🍃 信阳毛尖黄庙茶场茶园新芽

🍃 商城县黄柏山茶叶公司
机制毛尖干茶茶样

🍃 商城县黄柏山茶叶公司毛尖杯泡茶样

五、淮南茶信阳第一考证

"山南，以峡州上"，"淮南，以光州（今信阳境内）上，义阳郡（今信阳）、舒州次，寿州下，蕲州、黄州又下。"茶圣陆羽在其《茶经·八之出》中这样描述信阳地区的茶叶。

到了北宋时期，苏东坡尝遍天下名茶，便有了"淮南茶信阳第一"的赞誉。位于河南省南端与湖北省交界处的信阳市，地处大别山北麓与淮河之间。辖区内大别山蜿蜒东去，桐柏山脉逶迤西来；南部山区层峦竞秀，无数俊山俏峰耸立其中，众多秀湖丽水缀丁其间；中部丘陵跌宕起伏，垄岗相接，梯田层层，水网密布，白帆点点，一片江南景致。在所辖7县2区的范围内，天然就是"中华神叶"茶叶的一个重要种植区。从唐代茶圣陆羽评价之后，信阳地区的茶叶被历代文人推崇并成为贡茶而经久不衰。

据史书记载，我国茶叶生产早在数千年前的周朝就已开始。不少专家认为，茶树原产于我国西南高原，随着气候以及政治、经济、文化、交通等方面的发展变迁而传到祖国各地以及国外。尤其是信阳处于北半球高纬度地区，年平均气温较低，有利于氨基酸、咖啡碱等含氮化合物的合成与积累，这正是优质茶叶所不能缺少的。

信阳的茶叶生产从春秋战国至秦汉，发展比较缓慢，直至唐代才兴盛起来。茶圣陆羽编写的世界第一部茶书《茶经》，把全国盛产茶叶的13个省42个州郡划分为八大茶区，信阳归淮南茶区。旧《信阳县志》还记载："本山产茶甚古。"北宋时期，茶叶生产空前发展，茶文化也空前繁荣，淮南茶区成为全国第三大产茶区，西南山农家种茶者多本山茶，色香味俱美。当时信阳年产干茶的能力达到50万千克，且以优质团茶享誉朝野。自宋至清，信阳茶叶的种植、产出绵延不绝，成为朝廷贡品，备受文人雅士的喜爱，成为淮南古茶中首屈一指的名优茶品。

那么"淮南茶，信阳第一"究竟是怎么回事？带着这样的疑问，且先从光州净居寺说起，也必须和苏轼联系在一起。

据史料记载，净居寺介于光山县大苏山、小苏山之间，始建于北齐天保年间，为中国第一个佛教宗派天台宗的发源地。天台二祖慧思大苏山结庵时，就将种茶制茶饮茶传播到当地，带动这一地区的茶叶发展。净居寺茶品叶厚色好、香高味醇，目前还遗存清代茶园近 7 000 平方米。净居寺距今已有约 1 500 年的历史，北宋真宗皇帝赐名并手书"敕赐梵天寺"匾额，是皇家寺院的殊荣，堪称镇寺之宝。

北宋元丰三年（1080），光州净居寺院主持居仁迎接了当时久负盛名的才子苏轼。此时，苏轼带长子苏迈，由东京（今开封）经陆路赴贬谪湖北黄州（今黄冈）担任团练副使。之前他因写诗讽刺王安石变法，经历了生死劫"乌台诗案"被捕入狱，在东京御史台坐牢103天，险被杀。后经曹太皇太后的干预，且王安石不计政治偏见，上书"安有圣事而杀才士乎"，宋神宗皇帝才赦免了他。苏轼尽管学富五车，才高八斗，却奈何不谙官场的钩心斗角，尔虞我诈，从此背上了罪官的身份。

净居寺作为天台宗发源地，含天地之灵气，孕佛法之义理。此地最适合流放途中的苏轼调心养气，可以说苏轼对佛法义理的参透是从净居寺和居仁禅师的交流开始的。净居寺居于大苏山，旁有小苏山，有"慧思结庵"的典故，故为三苏环绕。苏轼将净居寺视为自家之山，灵魂的家园。至此开启了苏轼游历于山水之间，醉心于诗词歌赋，以寄托内心的放浪形骸，玩世不恭的生活状态。这是苏轼从政治生涯到生活情趣的转变，官场上少了斗士苏轼，江湖上便有了苏东坡的各种传说。

苏轼是爱茶之人，写过许多脍炙人口的茶文、茶诗词。在其文思独特的《叶嘉传》中有经典妙句"从来佳茗似佳人"。至于苏轼在光州净居寺待了多久，史书无记载。但林语堂先生的《苏东坡传》中指明苏轼在光州净居寺学佛5个月，并为净居寺题写了千古流传的对联：四壁青山，满目清秀如画；一树擎天，圈圈点点文章。苏轼在《游净居寺诗并序》中写道：钟声自送客，出谷犹依依。回首吾家山，岁晚将焉归？其在《续茶经·茶之煮》载：予顷自汴入淮，泛江峡归蜀，饮江水盖弥年……也证明苏东坡确实在光州净居寺有过停留，并将此地比拟自己的家乡。

据文献记载，义阳贡品有茶。苏东坡谓"淮南茶，信阳第一"，《信阳县志》也有类似记载，但原句查无出处。仅此推断，在光州净居寺的休闲日子里，苏轼在品饮信阳茶后，对信阳茶情有独钟，而且他对信阳茶评价很高。"淮南茶，信阳第一"应该是一句当时苏轼赞誉信阳茶的话，在某个特定场合说过。这句话道出了信阳茶的优异品质，也是热情好客的光州人民的嘘寒问暖，让苏轼这个贬谪落难官员无处安放的心，重新燃起了希望之火。苏轼应该是回首官场的不堪际遇，借茶寄托发自内心的赞誉。这样推测可信度极高，所以后人一直传颂至今。

❦ 信阳车云山茶场中始建于唐代的千佛塔

❦ 信阳车云山茶场春意盎然　　　　❦ 信阳车云山茶场　　　　❦ 信阳车云山茶场鲜叶采摘标准
　　　　　　　　　　　　　　　　　 茶芽生长茂盛

▼信阳车云山茶场毛尖盖泡茶样

▼信阳车云山茶场干茶茶样

▼苏轼（1037—1101）：
北宋文学家、书画家、
美食家

六、清末民初出现的八大茶社

晚清以来，茶业复苏，"信阳毛尖"基本形成，成为全国名茶之一。

清末民初，以甘以敬为首的早期茶人提倡种茶垦复集股筹资，先后在西、南部山区开荒种茶，相继建立元贞、宏济（车云）、裕申、广益、万寿、龙潭、广生、博厚八大茶社，县城也相继开办专营毛尖的茶庄。

1913年，戴象山首建"祥记茶庄"之后，和记、恒记、车云等茶庄陆续开办专营本山毛尖。

1915年，车云毛尖在巴拿马万国博览会上荣获金奖。新中国成立后，信阳毛尖茶产品皆出自原有老茶社所在地名山上。八大茶社的创建，为信阳茶叶生产发展奠定了良好基础。

🍃 围炉煮水

🍃 茶韵依依

🍃 敬奉香茗

🍃 一壶清香

（一）元贞茶社

创建于1903年，在东双河乡雷山村震雷山（今属平桥镇）。当时甘以敬与王子漠、彭清阁和刘墨香等人集股筹资在此创建元贞茶社。

茶社派人到安徽六安、浙江杭州购买茶籽，种茶3万余窝（30余亩*），数年后产茶250多千克，但由于销路欠佳，生产茶叶除分送各股东和亲友外，其余积压滞销，生产一时未得以发展。1911年开始逐步发展，茶树达6万余窝（60余亩），年产茶800余千克，年获利合银圆约650元。

---

* 亩为非法定计量单位，1亩＝1/15公顷。　——编者注

1949年前后产茶叶仅100余千克。1954年，主管茶叶生产的农业部门在此投资建立"信阳雷山茶叶试验场"，省农林厅和信阳农业局等相关部门的茶叶技术干部指导勘查，帮助规划建场。

2008年后，试验场不断开辟茶树良种培育，茶园实行生产、科研相结合，茶叶采制技术得到提高，丰产茶园的亩产达150多千克，生产的毛尖茶，条细色翠，茸毫满披，汤绿鲜艳，清香味醇，深受好评。

（二）宏济茶社（车云茶社）

创建于1910年，位于浉河区董家河乡车云山上。

清光绪年间，兴隆寺有个叫偿的和尚，在主峰千佛塔南坡种茶2亩多，茶叶品质甚佳，分送给一些绅士品尝，很受赞扬。1910年，甘以敬邀陈义坦、陈玉轩、王选青、陈相庭等50多人集资入股，在此兴办宏济茶社，于主峰千佛塔一带种茶4万余窝（40余亩）。在安徽六安等地购买茶籽，开荒种茶，并请安徽茶师吴著顺、吴少堂等作指导，生产得以发展。

1913年试采茶叶，这年生产茶叶150余千克，除一部分茶叶送给股东和亲友们外，其余卖给信阳城内"同盛酱园"进行销售，部分远销北京、天津等地。

1915年，车云毛尖参加巴拿马万国博览会展赛，获得金质奖章和奖状，"宏济茶社"更名为"车云茶社"，随后开辟新茶园，1919年前后茶园达8万余窝（80余亩）。车云毛尖虽鲜嫩色翠、白毫满披、香高味浓，但茶条尚欠圆紧细直。1924年，茶工吴彦远到茶社改握把炒为散把炒，改不抓条为抓条、甩条等重要工艺，使茶条细圆紧直，锋苗显露，外形美观，形成了"信阳毛尖"独特工艺造型。随着毛尖声誉的鹊起，茶叶生产日盛，茶园逐年扩大，共达10万余窝。

1949年4月1日信阳解放，山主茶园收归政府管属，派游河人夏复兴领导茶叶生产，垦复茶园，当时有茶农14户、35人。1955年春南湾水库库区部分移民搬迁上山种茶，建立"车云山茶叶生产合作社"，曹得兴、夏复兴先后任社长，新辟茶园增到250多亩，茶农50多户、210多人，精心育茶，生产日益发展。1955年、1957年和1962年，车云社长三次出席省劳动模范表彰会。1978年，党支部书记席本荣带头试种矮化密植速成高产茶园，1983年获省科技成果三等奖。1983年茶山实行联产承包责任制，山上已有茶农120多户、510多人，拥有茶园700余亩，年产茶叶1.5万千克。

（三）裕申茶社

建于1911年，在浉河区柳林乡甘家冲村小孙家冲，为浅山区。

随着茶事的盛兴甘以敬又召集12人为股东，在此建社种茶3万余窝（30余亩），数年后年产茶250余千克，而后茶园逐年扩大，甘家冲所有农民都开始开山种茶。1938—1940战争年间，信阳茶社大片茶园荒芜，茶业凋零。至新中国成立，全村茶园仅剩280余亩。政府号召大力恢复和发展茶叶生产，甘家冲人民积极响应，截至2021年，茶园面积已达数千亩，年产茶叶约4万千克。

（四）广益茶社

建于1912年，坐落在东双河乡震雷山麓观音堂胜泉寺。

由余子芸、僧廉泉等26人集股筹资建茶社，种茶6万余窝（60余亩），年产茶420余千克。最多时茶园达7万窝（70余亩），产茶约500千克，年获利700银圆。

新中国成立后，茶农逐年垦复老茶园，不断扩种新茶，截至2021年，茶园1 400多亩，年产茶叶1.5万余千克。

（五）万寿茶社

初名"森森茶社"，建于1913年，位于浉河区谭家河乡万寿山。

当时由王子漠、僧空尘等32名股东集资种茶4万余窝（40余亩）。万寿茶社兴盛时期茶树达9万余窝，年产茶达1 250多千克，获利760多银圆。新中国成立后，此地为南湾水库保护林区，50年代曾一度设万寿林、牧综合场，而后渐以林为主，间有部分小片茶园。

（六）龙潭茶社

建于1915年，坐落在浉河区浉河港乡黑龙潭天心寨。

由李有芸、强石生、易宣山等12名股东筹资在此建社种茶4万余窝（40亩），盛时达10万余窝，年产茶1 500余千克，获利1 600银圆。

新中国成立初期仅剩10多亩衰老茶园，年产茶80余千克。1955年春，在政府的全力资助下，南湾水库库区有34户、132人迁移到此，建立龙潭茶社，茶叶技术干部黄执优、虎兰生驻山指导，规划开荒种茶140余亩。政府给予移民提供生活保障，茶农得以安心种茶，而后生产逐年发展，截至2021年，新老茶园共2 400多亩，年产茶叶2.5万多千克。

龙潭茶社，是信阳毛尖名茶重要产地之一。1985年，信阳毛尖荣获国家银质奖，就是该山提供的茶样，1988年又获省"星火杯"金质奖。

（七）广生茶社

建于1915年，位于浉河区董家河乡深山。

杨子述、蔡玉山等29人集股筹资于山坳开荒种茶10万余窝（100余亩），盛时产茶1 500余千克。毛尖主销信阳、南阳、开封等地。

1919年，该社首行"标包制"，订立合同，法院备案。茶园管理、茶叶采制、提成等均有具体规定。

1955年春，南湾水库库区迁移来40多户、180余人，建立新型茶社，新辟茶园180余亩，并对原有75亩衰老茶园进行了改造。截至2021年，茶园发展到1 700多亩，茶农生活得到很大改善。

（八）博厚茶社

建于1919年，位于浉河区董家河乡白马山。

由张玉生、周天锡等人集股筹资，开荒种茶3万余窝（30余亩），后发展到5万余窝（50余亩），产茶750余千克，获利银圆600余元。

20世纪50年代，政府号召大力恢复和发展茶叶生产，白马山垦复老茶园，开辟新茶园。1983年实行承包，截至2021年，全村有茶园1 500余亩。

❦ 一碗喉吻润

❦ 一注山水间

❦ 一莲一如来

❦ 一瓯得真味

七、1915年巴拿马万国博览会获奖

历史上最早一届世博会是1851年伦敦世博会，有中国公民以私人身份参赛并获奖。

1873年维也纳世博会，清政府委派担任中国海关总税务司的英国人赫德全权负责参赛事宜，赫德派遣在海关工作的一位外籍人员包腊作为中国政府代表，携带了一些中国商品在维也纳赛会上展销。

1876年，清政府派出代表团参加在美国费城举办的世博会，中国政府代表团的成员几乎全是外籍人员，只有一名中国人李圭。据李圭著《环游地球新录》载：费城博览会中国馆陈列了各省茶叶。中国展品以丝、茶、瓷器、绸缎、雕花器、景泰蓝为主，在各国中推为第一。

1905年，世界博览会在比利时小城列日举办，清政府派员参加，参展华商总计17家，陈列商品有茶叶、瓷器、景泰蓝、绣货、绸缎、古玩、玉器、雕刻、木石等。据说中国在这次博览会上获得金银各等奖牌共100枚，但时下似乎没有哪一种名茶证实自己在列日博览会获奖。

1915年，世界博览会在美国旧金山举行，因为庆祝巴拿马运河通航，故称为"巴拿马——太平洋国际博览会"，参展国31个（一说41个）。当时民国政府成立不久，高度重视这次世博会，赴会中国官员约有40人，耗资9万元建中国展馆，参展物品重达2 000多吨，展品多达4 172种，参观中国馆的人数超过190万人。获奖等第分为：（甲）大奖章，（乙）名誉奖章，（丙）金牌奖章，（丁）银牌奖章，（戊）铜牌奖章，（己）奖词（无奖牌），共6等。至于中国获奖数目，也有不同说法。一说共获得1 211项奖；一说获大奖章123个，金、银、铜牌奖582个；一说共获得1 218项奖，其中甲等大奖章74枚；一说共获得大奖章56个，名誉奖章67个，金牌奖196个，银牌奖239个，铜牌奖147个。皆源于中国展品的优良品质，大胜回国。

1915年，信阳毛尖参加的"巴拿马赛会"译法种种，有译"巴拿马万国博览会"的，有译"巴拿马国际食品博览会"的。我们在一张当年获奖证书上可以看到，这次博览会的全称是"巴拿马——太平洋国际博览会"，搁现在的名称叫"世界博览会"。"巴拿马万国博览会"于1915年2月20日开展，12月4日闭幕，展

信阳毛尖荣获1915年巴拿马万国博览会金质奖章

期长达九个半月，总参观人数超过 1 800 万人，开创了世界历史上博览会历时最长、参加人数最多的先河。

1914 年 5 月底，信阳毛尖运至省城，参加博览会的产品首先在省城进行一次试展。从 6 月 15—25 日展出 10 天，每天行人不绝，竞相观看。9 月 6 日，河南出口协会遂将已包装妥善的信阳毛尖等展品由开封转京汉铁路线运至武汉，又从武汉换装轮船，沿江而下，9 月 22 日安全运抵上海。12 月 6 日，信阳毛尖随同其他参赛物品装上美国轮船"蒙古利亚"号，驶入了太平洋的惊涛巨浪之中。

1915 年 2 月，在"巴拿马——太平洋国际博览会"上，由车云山采制的信阳毛尖以其外形美观，香气清高，滋味浓醇，独树一帜，获得普遍赞赏。据《信阳工商历史特产资料》记载："1915 年信阳毛尖经该会评判结果，颁给世界茶叶金质奖状与奖章。"非常遗憾的是，这两个记载着信阳毛尖光辉历程的奖状与奖章，由于种种原因而不知去向，据曾任信阳市政协副主席的王选周回忆：奖状色泽清晰，有红色、绿色，上写有外文，下边写一等金质奖，约 40 厘米大小。奖章是一个金牌，用盒装，有一条链，圆形，直径 10 厘米左右，外文，金牌上有楼房花草等。

八、1985—1990 年荣获国家银质奖章、金质奖章

1984 年冬，河南省计划经济委员会下达信阳县著名特产信阳毛尖茶参加 1985 年"国优"竞赛项目，信阳县政府成立了信阳毛尖创"国优"领导小组，并确定黄执优为主要负责人，进行有关信阳毛尖茶叶创优的一系列具体工作。

"国优"产品的生产，要经过文字材料的审批、产品样品的申报、专家的评审和"国家质量奖"审定委员会的审定批准四个过程。

在这四个过程中，特别在第一、第二两个方面，此次申报"龙潭牌"信阳毛尖做了大量艰苦细致的工作。在河南省计划经济委员会，特别是省食品工业协会及地区经委的热情指导下，申报工作进行顺利。

参评的茶样是特级和一级毛尖。特级信阳毛尖是采摘半展的一芽一叶，一级毛尖采摘初展的一芽二叶。

在各级领导的重视和支持下，以及有关部门、人员的积极配合，一年来黄执优主要精力和时间都用于信阳毛尖茶创"国优"活动，经常夜以继日地编辑大量相关材料，使信阳毛尖茶获得了参加"国优"评比的资格（全国各地共申报材料100余份，经审查批准参加评比的有30份）。同时，及时开展一系列争夺茶叶"国优"的具体工作，最后评定信阳县信阳毛尖荣获国家银质奖、省优质奖，并获准参加亚太地区国际博览会和全国农业优质产品展览会。

1990年的"国优"食品评选项目有：茶、肉制品、饼干、饮料、罐头五大类。经审查合格，正式参评共120项，其中，1985年荣获"国优"产品这次复评的有31项。参评的茶叶共46个品种，其中复评的13个，新参评的出口茶18个，新名茶15个，分别评审对比。"国优"茶叶评审12名（含信阳县农牧局高级农艺师黄执优），并分三个小组同时评审，采用"加权平均法"记分，各组总分再行总评分，得出最后总分。

专家评委们一致认为信阳毛尖外形美观、品质高尚，不失"国优"名茶独特风格，对其结论评语是："条索细秀满毫，色泽隐翠光润，香气高爽，滋味醇爽，汤色清澈明亮，叶底嫩绿匀净。"

信阳县信阳毛尖参加四级评比，都顺利通过，均名列前茅，夺得满堂红，荣获金奖（国家级）。

原"国优"复评13个，"龙潭牌"特级信阳毛尖以102.46分位列总分第一，比前金牌西湖龙井高2.01分，一级毛尖101.23分。部级满分，省农牧厅级104.05分（特级毛尖）、102.53分（一级毛尖），信阳毛尖包揽前三名，另有"龙潭雪芽""车云翠莲"两个新产品也被评为省级优质奖。

1985年是选取黑龙潭分场茶样，1990年是选取车云山分场茶样；1985年参评茶样是自定自报，1990年参评茶样是自选与任意抽样相结合。评委会要求准备10件共100千克以上，供任意选取。抽样时，组织三省为一组，相互到对方仓库任意选取，当场密封，加盖取样人单位公章。

1985年6月4—8日，信阳毛尖"国优"评审在江西省南昌市郊区的江西省良种繁殖场进行，审定委员会最后审定批准公布，"龙潭牌"特级和一级信阳毛尖荣获国家银质奖。颁奖大会于1986年1月25日在北京举行，发给奖章和证书。证书内容是：河南信阳龙潭茶叶总场、龙潭牌特级信阳毛尖茶、一级信阳毛尖茶经国家质量奖审定委员会批准荣获银质奖章，特发此证书。国家质量奖审定委员会（中华人民共和国国家经济委员会公章）。

1990年6月7—10日，信阳毛尖"国优"评审在广东省广州市郊区广东省商业干校进行，审定委员会最后审定批准公布，"龙潭牌"特级信阳毛尖荣获国家金质奖。颁奖大会于1990年10月20日在北京人民大会堂举行，证书、奖章大小形式与1985年银奖相似。证书内容是：河南信阳县龙潭茶叶总厂（场），龙潭牌特级信阳毛尖经国家质量奖审定委员会批准荣获金质奖章，特发此证书。国家质量奖审定委员会（国家技术监督局公章）。

▶ 1985年"龙潭牌"信阳毛尖荣获国家质量奖银质奖奖牌

▶ 1990年"龙潭牌"信阳毛尖荣获国家质量奖金质奖奖牌

▶ 1990年"龙潭牌"信阳毛尖荣获国家质量金奖奖旗

❦信阳毛尖专家黄执优先生、虎兰生
女士交流茶园改良

❦信阳毛尖专家黄执优先生在
指导茶园改良

❦信阳毛尖黑龙潭茶场杯泡茶样

❦信阳毛尖车云山茶场杯泡茶样

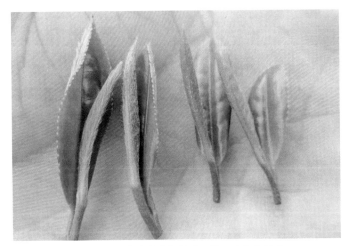

❦信阳毛尖茶黄庙茶场鲜叶一芽一叶采摘标准

❦信阳毛尖茶王之乡——浉河港茶园基地

❦ 信阳毛尖茶鲜叶成品

❦ 信阳毛尖车云山茶场茶样

❦ 信阳毛尖茶浉河港白云寺
茶场杯泡茶样

第二章

信阳毛尖 产区分布与

环境特征

一、信阳毛尖产区分布

中国茶区辽阔，茶叶产区主要分布在北纬18°—37°、东经95°—122°范围内，覆盖上千个县、市。从区域划分来看，有华南、西南、江南、江北四个国家一级茶叶产区。由于在土壤、海拔、水热、植被等方面存在差异，因此四大茶区所产出的茶树、茶叶品质、类型也不相同。信阳茶区地处北纬31°23′—32°7′、东经113°45′—115°55′的北亚热带地区，面积约18 900平方公里。

信阳茶区东起固始、西到信阳。大别山脉由西向东延伸至该区的南沿，淮河贯穿于该地区的北部，地势西高东低，南高北低，茶区主要分布在大别山北麓，南湾水库、古山口水库、五岳水库、鲇鱼山水库一线和淮河以南广阔的丘陵山区，属我国华南、江南、西南、江北四大茶区中的江北茶区，古称淮南茶区，处于我国茶叶种植区的北缘。

在信阳毛尖形成的百年历史上，最早生产并称为"信阳毛尖"的地域是原信阳县的车云山、集云山、云雾山、天云山、连云山、白龙潭、黑龙潭、何家寨和罗山县的灵山等地，这里是信阳毛尖的集中产地。现在，信阳毛尖种植、加工已扩至整个信阳产区，形成一个统一的品牌。茶区包括：潢州、光山、罗山、商城、新县、固始、息县7县和浉河、平桥2区，共有128个产茶乡镇和10个茶场，属于我国的茶叶适宜种植区。

信阳茶区的生态环境优越。这里山峦起伏，林木茂密，植被丰厚，雨量充沛，云雾弥漫，空气湿润，光照充足，日夜温差较大。茶树芽叶生长良好，持嫩性强，肥厚多毫，有机物质积累较多。全年平均气温不高，有利于氨基酸、咖啡碱等含氮化合物的合成与积累，这正是炒制优质绿茶所不能缺少的。信阳毛尖，内含有机物质丰富，香高味爽。

专家们经过长期的考察，总结信阳毛尖名茶形成的缘由有：

（1）信阳处在南北地理分界线和南北气候过渡带。

（2）高山云雾出好茶，信阳独特的生态环境，青山绿水蕴茶香。

（3）信阳种茶始于东周，有2 300年的历史掌故，茶香中国。

（4）"和，美，清，敬，雅，廉"的信阳地方茶文化，信奉"非茶不敬，非茶不礼，非茶不尊，非茶不重，以茶为礼，以茶节俭，以茶养德"的艺术与人文之美。

（5）从筛分、摊放、生锅、熟锅、烘焙、摊晾、复焙、整理毛茶、再复焙等古法制作，完美展现大工匠技艺，展现卓越的茶品质。

❦ 信阳毛尖浉河港万亩生态茶园基地

❦ 信阳毛尖生态茶园新芽

❦ 信阳毛尖浉河港万亩生态茶园基地春茶开采

❦ 信阳毛尖邹阿婆采茶

二、信阳毛尖茶产区优势

"大山有别，水佳为淮。人言皆信，日升呈阳。"

河南信阳境内，神奇的北纬32°横跨信阳茶区，有五云（车云山、集云山、云雾山、连云山、天云山）、二潭（黑龙潭、白龙潭）、一寨（何家寨），及商城、固始、光山、新县、罗山五县茶区。

车云山：位于湖北与河南两省交界的桐柏山区，一山跨两省，常年云雾缭绕。境内群峰挺拔，山势巍峨，苍山青翠，巨石嶙峋。盛产毛尖，是信阳毛尖发源地。

连云山：位于河南省信阳市浉河区董家河镇黄龙寺村，是国优名茶信阳毛尖的主产地之一。

集云山：位于信阳市区西部40公里处，地处河南、湖北两省交界处，由仓房垛、五棵树两山组成，海拔600多米。由于山上常常云雾聚集，故得名集云山。集云山村，全称为信阳市浉河区董家河乡集云茶叶专业村，又名信阳集云山茶场，是正宗信阳毛尖主产地之一，也是信阳毛尖西山茶的发源地。

天云山：在董家河往吴家店方向，距离信阳市区40公里左右，这里产的信阳毛尖品质也是非常好的。

云雾山：位于信阳市浉河区董家河镇境内的深山处，与湖北省接壤，同四望山相连。这里三峰鼎峙，形似笔架，亦名笔架山。云雾山高耸入云，最高峰海拔700米左右。常年云雾缭绕，茶叶资源极为丰富，出产信阳毛尖。

白龙潭：位于信阳市浉河区浉河港乡，这里的茶山海拔大约800米，群山巍峨，深藏秀水，如同仙境。白龙潭背靠猴儿石山海拔近800米，盛产信阳毛尖。

黑龙潭：位于信阳市浉河区浉河港乡，面积约6平方公里，由上、中、下三个瀑布组成。是信阳毛尖的主产地之一。

何家寨：位于信阳市浉河区浉河港镇郝家冲村何家寨，距离信阳市45公里，海拔最高处860米。气候温和，雨量充沛，群山起伏，森林茂密，稀有动植物繁多，拥有独特的资源优势和生态优势。这里出产的信阳毛尖曾多次获奖。

罗山县：主要经济作物有油菜、花生、茶叶、芝麻、银杏、板栗等。罗山是信阳毛尖主产地之一，罗山茶已成为"信阳毛尖"序列中一支耀眼的奇葩，驰名中外。

商城县：商城茶叶在1986年前以烘青茶为主，1986年后，通过制茶新技术的引进与应用，制茶加工基本机械化，以扁炒青为主，再经茶技人员和茶农的精心研制，到2002年，全县已制作成具有市场竞争力的名优茶品牌15个：信阳毛尖、金刚碧绿、仙洞云雾、南岩翠毫、龙山碧芽、天堂春芽、龙潭云芽、白云香茗、鹰山秀茗、莲花雾毫、龙潭春、天堂春雾、其鹏碧云、苏东迎春、其鹏三香。商城县是信阳毛尖的最大产区之一。

光山县：光山县是国家林业局命名的"中国茶叶之乡"，信阳毛尖茶的主产区之一。改革开放以来，光山县委、县政府立足县情，科学决策，围绕"茶"字做文章，掀起了打造大茶业的新热潮，茶基地、茶工业、茶市场、茶文化、茶旅游等相关产业蓬勃发展，呈现出光山人"种植全国茶、加工全国茶、购销全国茶、走向全国去卖茶"的特点。

新县：新县茶叶是河南省信阳市新县的特产。新县种茶历史悠久，为茶叶生产基地县，现有茶园面积12万亩，全县年产干茶200万千克，有毛尖、炒青、龙井、花茶、红茶、蒸青茶等数十个品种，品牌有新林玉露。

固始县：固始茶叶属信阳毛尖系列。年产量100万千克左右。主要品牌有九华山毛尖、仰天雪绿、十八盘毛峰、杨山春绿等。

高山云雾，气蒸霞蔚。日照充足，四季分明。尤其利于茶叶的生长和益生菌的形成。得天独厚的自然环境造就了信阳毛尖茶独特的板栗香、鸦鹊嘴、绿豆汤，是当之无愧的"绿茶之王"。

车云山茶场

❧ 商城县金刚台茶场

❧ 云雾山茶场

❧ 集云山茶场

连云山茶场

天云山茶场

黑龙潭茶场

❦ 何家寨茶场

❦ 光山县净居寺茶场

❦ 文新茶村白龙潭茶场

❧ 新县八里贩茶场

❧ 固始县九华山茶场

三、信阳毛尖茶王之乡——浉河港

阳春三月，信阳浉河港乡，信阳毛尖主产区之一。曾被誉为信阳毛尖的茶王之乡。

和煦的春风，温柔的吹绿了茶山。

茶王之乡浉河港，山美、水美、人美，一个令人神往的旅游胜地。

清明前后，茶乡浉河港游人如织，好一派热闹景象！

浉河港乡素有"茶园织锦绣，层林绿万山，轻舟荡碧水，花鸟映蓝天"的迷人生态景观；有"老君洞李先念办公旧址、四望山会议旧址、祖师顶四望山暴动旧址、无名烈士墓群"等内涵丰富的红色景观。

一"红"一"绿"两种旅游资源相互映衬，构成一幅幅静态景观与动态景观相协调，自然景观与人文景观相辉映的生动画卷。

浉河港乡位于河南省信阳市浉河区西南部，地处风景秀丽的南湾湖畔上游，人口3万余人，2010年撤浉河港乡建浉河港镇。境内有黑（白）龙潭瀑布、三仙缸、滴水岩等神奇秀丽的自然景观。

浉河港是闻名遐迩的金奖茶乡。信阳毛尖茶"五云二潭一寨"的"二潭"（黑龙潭茶场、白龙潭茶场）、"一寨"（何家寨茶场）就位于浉河港境内。其种茶历史悠久，所产茶叶早在唐代即为朝廷贡品，有着丰富的栽培管理炒制经验，具有生产名优信阳毛尖茶得天独厚的条件，是金奖"龙潭牌"信阳毛尖的正宗产地。

茶乡浉河港现有茶园面积10多万亩，年产干茶可达240万千克，产值2.4亿元。所产茶叶外形细、圆、光、直，白毫显露，内质汤清、色绿，香度浓郁持久，滋味醇厚。

走进茶乡浉河港，山水植被渗透其中，震撼心灵。镇中心建在山丘之上，是信阳少有的"山镇"。镇的东面被南湾湖围绕，西靠四望山，其中多条支流汇入南湾湖，山水相依，人在画中游……

三月新茶上市时节，也是浉河港茶山上最热闹的时候，采茶人更是忙得不亦乐乎！

浉河港茶乡山峦起伏，风景优美，漫山遍野到处是绿油油的茶树，山涧小溪流淌着清澈的山泉，茶园里星星点点的有一些采茶工在采茶，茶树有1米多高，类似我们常见的冬青，茶树上簇拥着一个个绿绿的小脑袋，那就是信阳毛尖。

远处茶山上的采茶工，正忙碌地采摘。茶叶采摘是很讲究的。既不能用指甲掐断，又不能用剪刀剪，需要轻捻茶芽，向上拔起。茶农们的手上浸润着茶汁，看起来是黑污污，闻起来却是天然的茶香、沁人心脾。

采茶期分三季：谷雨前后采春茶，芒种前后采夏茶，立秋前后采秋茶。谷雨前后只采少量的"跑山尖""雨前毛尖"被视为珍品。要求不采蒂梗，不采鲜叶。

当地茶农都知道，茶叶采下来当天必须炒出来，不能过夜，新茶下来的这些日子，茶农们大都是白天采茶、晚上炒茶，凌晨就把刚炒好的热乎乎的茶叶送到茶叶市场交易，这样繁忙的景象一直要持续到春茶采摘结束。

夜幕中信阳街景

四、信阳毛尖茶园基地建设与管理

（一）幼龄茶园管理

幼龄茶园是指树龄在四龄以前的新建茶园，管理的重点是抗旱保苗、间苗补苗、合理施肥、定型修剪。

1. **抗旱、防冻保苗** 茶苗移栽后，要保持茶园土壤湿润。一周内无雨，要及时浇水抗旱保苗。最好在茶苗两侧30厘米盖草10厘米厚，上压碎土，既保水分又防冻，还可防止杂草生长。此外，增施基肥、培土壅根、茶园灌水等对预防冻害也有很好效果。

2. **补苗** 新建茶叶标准园，一般均有不同程度的缺苗，必须抓紧时间在建园1～2年内将缺苗补齐，最好采用同龄茶苗补苗，补植后要浇透水。

3. **浅耕除草、施肥** 茶苗移栽后，在4月底前要进行第一次除草，用手拔除茶苗附近杂草；6月底至8月上旬干旱前，进行第二次和第三次浅耕除草，浅耕后淋施有机水肥。

施肥方法一般第一次在距茶苗13～15厘米的地方，挖7～10厘米深的穴，浇上半瓢清粪水（50升水兑3～4瓢猪粪尿或250～300克硫酸铵），随即覆盖。以后每次每亩可施尿素2.5～5千克。

4. **定型修剪**

（1）第一次定型修剪。当移栽茶苗高达30厘米以上，茎粗3毫米以上时，在离地面15～20厘米处留1～2个较强分枝，剪去顶端新梢。

凡不符合第一次定型修剪标准的茶苗不剪，留待次年，高度粗度达到标准后再剪。修剪工具宜用锋利的整枝剪逐株修剪，只剪主枝，不剪侧枝，剪口要平滑，剪后留柄宜短。

（2）第二次定型修剪。一般在上次修剪后一年进行。用整枝剪在第一次定型修剪的剪口上提高15～20厘米，剪去上部枝梢，剪后茶树高度为30～40厘米。

修剪时注意剪去内侧芽，保留外侧芽，以促使茶树向外分枝伸展，同时剪去根颈处的下垂枝及弱小分枝。

若茶苗生长旺盛，只要苗高达到修剪标准，即可提前进行，反之在第二次定型修剪时，茶苗高度不够标准，应推迟修剪。

（3）第三次定型修剪。一般在第二次定型修剪一年后进行，若茶苗长势旺盛也可提前。

用篱剪在第二次剪口上提高10～15厘米，即离地面40～55厘米处水平剪除上部枝梢，并用整枝剪将根颈和树蓬内的下垂枝、弱枝剪去，促进骨干枝正常生长。

5. 茶园铺草

（1）茶园铺草的目的。第一，防止土壤冲刷。茶园多为坡耕地，尤其是新垦茶园，地面覆盖小，如不采取水土保护措施，土壤冲刷就会十分严重。因此，铺草覆盖对防止水土冲刷作用显著。

第二，减少杂草发生。幼龄茶园树郁闭度低，茶树行间空旷，为杂草提供了良好的生长条件。如果行间覆盖，杂草就得不到阳光，从而限制了杂草的生长，使杂草发生量大为减少。

第三，保蓄土壤水分。茶园茶行覆盖使土壤保持着疏松的结构，使地面径流减少，降水较易渗入土层，同时还可以减少地面蒸发。

第四，调节土壤温度。茶园铺草覆盖，冬天有保温作用，夏天有降温作用。

第五，增加土壤有机质和微生物。茶园行间覆盖的草料，经过一定时间腐烂后作为有机肥翻入土中，可增加土壤的有机质和养分含量。另外，铺草可明显增加茶园土壤微生物数量，对维持土壤肥力效果显著。

第六，提高茶叶产量，改善品质。茶园铺草覆盖，由于减少了土壤冲刷，改善了生态条件，增加了肥力，从而促进了茶树生长，提高茶叶产量和品质。

（2）茶园铺草的时期。铺草时期应根据所要达到的目的而定。如以防止水土流失为主的，应在当地常年旱雨季之前铺草覆盖；伏旱高温季节以蓄水抗旱为主的，则应在旱季开始之前进行；冬季寒冷的高山茶区，以保暖防冻为主的，要在土壤冻结之前覆盖；以消灭某些顽固性杂草为主的，主要在该种杂草萌发后不久铺草覆盖。

（3）铺草技术及草料来源。在茶园铺草之前，要进行一次除草、耕作、施肥、灌溉等作业，使铺草效果更好。

茶园铺草，需要大量草料，行间全面铺草，每亩要用干草1吨以上，可以用割山草和杂草的办法来解决。其中较好的是茅草，经久耐腐，一次大量铺草即可使用2～3年，稻草、麦秆、豆秸、油菜秆、留种绿肥的茎秆及麦壳、豆壳、菜籽壳等也是良好的覆盖材料，泥炭、落叶、树皮、木屑等也可利用。

（二）生产茶园管理

1. 茶园施肥

（1）施肥原则。

第一，以有机肥为主，有机肥与无机肥配合施用。

第二，氮、磷、钾三要素配施，幼龄茶园氮、磷、钾比例以1:2:2为好，成年茶园以2:1:1为好。

第三，重施基肥，分期追肥，一年一基二追。

第四，掌握肥料特性，合理施肥，如尿素在夏天施用可降低土温。

（2）肥料选择。茶树标准园生产基地在肥料选择和施肥过程中应注意以下几点：

第一，生产上应尽量选用有机和允许使用的肥料种类，在不产生不良后果的前提下，允许有限度地使用部分化学合成肥料。

第二，禁止使用硝态氮肥。

第三，化肥必须与有机肥配合施用，有机氮与无机氮之比以1:1为宜，大约1 000千克厩肥配施2千克尿素（厩肥作基肥，尿素可作基肥或追肥），最后一次追肥必须在茶叶采摘前30天进行。

第四，叶面肥可施一次或多次，但最后一次喷施必须在采茶前20天进行。

第五，禁止使用有害的城市垃圾和污泥、医院的粪便垃圾和含有害物质的工业垃圾，农家肥要先腐熟并达到无公害化要求。

第六，利用山区资源充足的优势，广积天然绿肥和土杂肥，也可在幼龄茶园或山场空地种植绿肥。

（3）有机肥料的无害化处理。茶树标准园施肥以施有机肥料为主，但在有机肥料中，常带有各种病原菌、病毒、寄生卵及恶臭味等，因此有机肥料在施用前必须进行无公害化处理。

目前主要有菌原液堆腐法、自制发酵催熟堆腐法以及工厂无害化处理三种方法，下面介绍两种方法：

第一，菌原液堆腐法：①购买菌原液，按清水100毫升、蜜糖或红糖20～40克、米醋100毫升、烧酒（含酒精30%～35%）100毫升、菌原液50毫升的配方制成备用液。②将人畜粪便风干至含水量30%～40%。③取稻草、玉米秆、青草等，切成长1.5厘米的碎片，加少量米糠拌和均匀，做堆肥时的膨松物。④将稻草等膨松物与粪便按重量10：100混合搅拌均匀，并在水泥地上铺成长约6米、宽约1.5米、厚20～30厘米的肥料堆。⑤在肥料堆上薄薄地撒上一层米糠或麦麸等物，然后再洒上菌原液备用液，每1 000千克肥料洒1 000～1 500毫升。⑥按同样的方法，上面再铺第二层，每一堆肥料铺层后上面盖好塑料薄膜发酵。当肥料堆内温度升到45～50℃时翻动3～4次才能完成。完成后，一般肥料中长有许多白色的霉毛，并有一种特别的香味，这时就可以施用。

一般夏天要7～15天才能处理好，春天要15～25天，冬天则更长。肥料中水分过多会使堆肥失败，产生恶臭味。

第二，自制发酵催熟堆腐法：①发酵催熟粉的制备。准备好所需原料：米糠（稻米糠、小米糠等）、油饼（菜籽饼、花生饼、蓖麻饼等）、豆粕（加工豆腐等豆制品后的残渣）、糖类（各种糖类和含糖物质均可）、泥类或黑炭粉或沸石粉和酵母粉。按米糠14.5%、油饼14.0%、豆粕13.0%、糖类8.0%、水50.0%、酵母粉0.5%的比例调配。先将糖类添加于水中，搅拌溶解后，加入米糠、油饼和豆粕，经充分搅拌混合后堆放，在高于60℃的温度下发酵30～50天。然后用黑炭粉或沸石粉按重量1：1的比例进行掺和稀释，仔细搅拌均匀即成。②堆肥制作。先将粪便风干至水分为30%～40%。将粪便与稻草（切碎）等膨松物按重量100：10混合，每100千克混合肥中加入1千克催熟粉，充分拌和均匀。然后在堆肥舍中堆积成高1.5~2.0米的堆肥，进行发酵腐熟。在此期间，根据堆肥的温度变化，可以判定堆肥的发酵腐熟程度。当气温为15℃时，堆积后第3天堆肥表面以下30厘米处的温度可达70℃，堆积10天后可进行第1次翻混，此时堆肥表面以下30厘米处的温度可达80℃，几乎无臭。第1次翻混后10天，进行第2次翻混，堆肥表面以下30厘米处的温度为60℃。再隔10天后进行第3次翻混，堆肥表面以下30厘米处的温度为40℃，翻混后的温度为30℃，水分含量达30%左右，之后不再翻混，等待后熟。后熟一般3~5天，最多10天即可。后熟完成，堆肥即制成。这种高温堆腐，可把粪便中的虫卵和杂草种子等杀死，大肠杆菌也可大为减少，达到有机肥无害化处理的目的。

（4）施肥技术。第一，基肥及其施用。①基肥施用时期：一般选择有部分茶树停止生长后，立即施基肥，宜早不宜迟，施基肥结合进行茶园深耕，有利于越冬芽的正常发育、根系生长和越冬，为翌年早春多产优质鲜叶打好基础。信阳县在10月至11月中旬施用基肥。②基肥施用量：幼龄茶园每年平均亩施有机肥750千克以上，有条件的还要增加50~100千克饼肥、25千克过磷酸钙和15千克硫酸钾；生产茶园，每年平均亩施有机肥1500~2500千克，并结合施饼肥100~150千克、过磷酸钙25~50千克、硫酸钾15~25千克。③施肥方法：基肥要深施。成龄茶园，通常在茶丛边缘垂直向下位置开沟施肥，也可隔行开沟，每年更换位置，一左一右，沟深20~30厘米；幼龄茶园按苗穴施，施肥穴距根颈：一二年生茶树为5~10厘米，三四年生茶树为10~15厘米，深度15~25厘米。

第二，追肥及其施用。茶园追肥的主要作用是不断补充茶树生长发育过程中对养分的需要，以进一步促进新梢生长，达到持续高产的目的。追肥以速效肥料为主。①次数和时期：茶园追肥一般施2次以上。第一次追肥称催芽肥。施肥一般在茶树越冬芽鳞片初展时进行，即2月中旬左右；第二次追肥在春茶结束后进行。若是茶树萌发轮次多，采茶季节长，施追肥次数可结合当地情况增加，但有春旱或伏旱的茶园，在旱季不能施用追肥，应在旱前或旱后进行。②追肥施用量：主要是速效性化学氮肥，用量主要依树龄及茶树鲜叶产量而定。一般

1～2年生的幼龄茶树，每亩施纯氮2.5～5.0千克（即施硫酸铵12.5～25千克）。采摘茶园追肥施用量则依据鲜叶产量而定，每亩产鲜叶100～200千克，每年需施纯氮7.5千克；产鲜叶200～400千克，每亩施纯氮7.5～10千克；产鲜叶600千克，每亩施纯氮15千克。一年中的不同时期追肥分配比例一般为4∶3∶3或2∶1∶1。若只采春茶和夏茶，不采秋茶的茶区，可按7∶3的比例分配。③施肥方法：施肥部位同基肥。如施用硫酸铵、尿素、钾肥等作追肥，沟深5厘米左右即可；若施用易挥发的碳酸铵等化肥，沟深需10厘米左右，追肥施后应立即盖土。

第三，根外追肥。根外追肥是利用茶树叶片能吸收营养元素的特点进行茶树叶面施肥，具有吸收快且充分，增产效果好，同时还可结合病虫害防治的特点。①次数和时间：一般一年可进行3～4次。喷施时间应在傍晚、清晨或阴天进行，午后不能喷施叶面肥，因高温暴晒会灼伤茶树叶片，造成肥害。②施肥用量：根外追肥喷施浓度要适宜，宜清不宜浓。一般浓度为硫酸铵1%～2%、尿素0.5%～1%、过磷酸钙1%～2%、硫酸钾0.5%～1%、硫酸锌50毫克/升、硫酸锰0.01%、腐熟去杂质的人粪尿10%～15%。③施用方法：喷施前应充分拌和，喷施叶面肥时对叶片两面应同时喷施，特别要注意叶背的喷施，因叶背的吸收能力较正面高5倍以上。并注意与农药混合施用时，应用酸性肥料配酸性农药、碱性肥料配碱性农药。

2. 茶园耕锄　茶园经过耕锄能及时将杂草翻埋于土壤中，避免杂草与茶树争水肥，又能增加土壤肥力，而且耕锄可增加茶园土壤空隙，改良土壤理化性质，切断土壤表层毛细管，减少土壤水分蒸发，提高土壤蓄水能力。所以我国茶区有"七挖金，八挖银"的农谚就说明了茶园合理耕锄的重要意义。

（1）浅耕。一般在追肥前都要进行浅耕除草，一年3～5次，其中必不可少的有3次。

第一次浅耕在春茶开采前（2月中旬左右）进行，深度10～15厘米。

第二次浅耕在春茶结束后（5月中旬左右）进行，深度10厘米。

第三次浅耕在夏茶结束后（6月下旬至7月上旬）进行，深度7～8厘米。

若茶树生产季节长，还应该根据杂草发生情况，增加 1 ～ 2 次浅锄，特别是 8—9 月，气温高，杂草开花结籽多，一定要抢在秋季植被开花前，彻底消除，减少第二年杂草发生。

（2）深耕。深耕主要是改良和熟化土壤，常与深施基肥结合进行。深耕时间一般是在茶季基本结束时，这有利于因深耕而损伤的根系再生恢复。深耕要求 20 厘米以上，幼龄茶园可在施基肥同时结合挖施肥沟，进行行间深耕，沟深要求 30 厘米左右。1 ～ 2 年幼龄茶树的施肥沟应离茶树 20 ～ 30 厘米，以后随树幅增大，施肥沟与茶树距离增加。

水平梯级茶园，施肥沟都开在茶行内侧，施肥结束后在盖土时进行行间深耕。

成龄生产茶园的深耕与施基肥结合进行，基肥沟深、宽各 30 厘米左右，这也是行间深耕的范围，而在基肥沟两侧则进行浅耕松土，以免过多损伤根系。

3. 茶树修剪

（1）轻修剪。轻修剪的主要目的是刺激茶芽萌发，解除顶芽对侧芽抑制，使树冠整齐、平整，调节生产枝数量和粗壮度，便于采摘、管理。

修剪时间在秋茶停采后的 10 月下旬至 11 月上旬进行，修剪方法是每次修剪在上次剪口上提高 3 ～ 6 厘米，修剪宜轻不宜重，否则会推迟春茶开采期，造成春茶减产。

（2）深修剪。由于多年采摘鲜叶，茶树蓬面会产生浓密而细弱的分枝，致使萌发的嫩梢瘦弱，对夹叶增多，产量和鲜叶质量下降，采摘面逐年提高，不利于采茶。此时采用轻修剪已不能达到提高产量及品质的目的，则每隔 3 ～ 5 年进行一次深修剪，剪去树冠上部 10 ～ 15 厘米以上的细弱枝条，再用整枝剪清除茶蓬中的弱枝、病枝、枯枝及下垂枝。

深修剪一般在秋茶结束后进行，为了减少当年经济损失，也可在春茶结束后进行。剪后须留养一季春茶或夏茶，才可采茶。

（3）重修剪。经过多年采摘、修剪，树冠上部枝条已比较衰老，发芽能力差，芽叶瘦小，对夹叶增多，"鸡爪枝"多且呈灰白色，开花结实多，产量显著下降，即使加强肥培管理或深修剪，也得不到良好的经济效果，但这类茶树下部骨干枝尚健壮，可以运用重修剪加以更新复壮。

❦ 茶园机械修剪

重修剪高度，一般是减去树冠1/3至1/2，以离地30～40厘米为宜，剪去上部全部枝干，并清除树蓬内的弱枝、枯枝和下垂枝，仅保留少部分壮实枝干，供茶树生长。重修剪时期一般在春茶前或春茶后进行。剪后当年发出的新梢不采摘，并在11月从重修剪剪口上提高7～10厘米进行轻修剪。

重修剪后第二年起可适当留叶采摘，并在秋茶末再进行一次轻修剪（在上次剪口上提高7～10厘米）。待树高70厘米以上，可正式投产。

（4）台刈。茶树树龄大，树势十分衰老，主干白色，分枝和叶片均稀少，芽叶生育能力很差，寄生苔藓、地衣，单产极低，重修剪已不能提高产量，可运用台刈来更新。台刈一般用台刈剪或柴刀在离地5～10厘米处剪去上部所有枝干。注意剪口要光滑，使之迅速形成一层膜，防止雨水冲刷，最好选择晴天台刈，太阳越大越好。

台刈时期在3—8月均可进行，最好在春茶前进行。台刈后，当萌发的新枝长到40厘米左右时，应进行第一次定型修剪，即离地35～40厘米，剪去上部枝叶，当新枝长到60厘米以后，在上次剪口上提高5～10厘米进行第二次定型修剪。

以后结合轻修剪、留叶打顶采摘等措施培养树冠面。

（三）低产茶园管理

1. 低产茶园的概念　茶树的寿命是很长的，可以达到百年以上，生产栽培的茶树，一般在12年之内，产量是逐年上升的，并达到高产；12年以后，到25年内，在良好的栽培条件下，可以保持茶叶高产、稳定。随着树龄的继续增长，树势开始衰退，茶叶品质和产量开始下降，这是茶树生长的必然趋势。

另一种情况是虽然茶树属青壮年期，但由于茶树所处的立地条件恶劣，或者栽培技术措施不当，致使茶树产量和品质下降，未老先衰成为低产茶园。

它们的共同特点，最终表现为茶叶产量低、品质差、经济效益不高。

2. 低产茶园改造技术

（1）改树。从目前的茶园现状看，老茶园树体衰老，成自然生长状，因此对老茶园进行改树是改造低产茶园的关键，也是检查是否开展低改工作的一个重要标志。主要措施为：深修剪、重修剪、台刈（方法见生产茶园修剪部分）。

（2）改土。在改树的同时，加强土壤改良，增加土壤肥力，这是一个治本的措施，主要方法是进行深翻改土，重施基土，使茶园活土层达到50厘米以上，疏松易耕。

（3）改园。第一，坡改梯：坡度超过25°的山坡茶园，应退茶还林，坡度在15°～25°的应砌成石梯坝或土梯坝，变成梯带茶园。第二，改种换植：对坡度在15°以下品种退化的低产茶园，应采取挖去老茶树，改用无性系茶苗重新建立标准茶园。

3. 改造后的管理

（1）重施有机肥。重修剪和台刈的茶树，剪后必须及时施肥，每亩施碳铵50千克或尿素25千克，秋冬结合深耕重施有机肥，第二年春、夏、秋茶前各施一次追肥，最好是速效化肥与腐熟人粪尿混合施用，同时要注意中耕除草，促进生长。

（2）突出培养树冠。重修剪茶树，当年夏季不能采茶，秋季可打顶采摘，留三四片采摘，秋末（10月上中旬）进行轻修剪口上提高20厘米剪平树冠，第二年春茶就可正常采摘，春茶后再沿新生长枝叶修平，秋末进行轻修剪。

台刈茶树，按幼龄茶树的定型修剪方法定型，重新培育丰产树冠。

（四）茶园病虫害防治

1. 农业防治

（1）分批及时采摘。茶树新梢是多种主要病虫，如茶饼病、茶芽枯病、假眼小绿叶蝉、茶跗线螨、茶橙瘿虫螨等活动、取食和繁殖的场所。因此，分批多次及时采摘，不仅是保证茶叶质量的重要措施，而且可以直接防除这些病虫。

（2）合理修剪。由于茶树树冠顶层的密度相对较高，因此多数茶树病虫分布在茶树树冠上，随着修剪，分布在修剪部位上的病虫也就剪除了。

同时，结合轻修剪，剪去茶丛中零星分布的钻蛀性害虫茶梢蛾、茶天牛、茶蛀虫和集群危害的小蓑蛾，以及枝干病害茶梢黑点病、茶膏药病、苔藓、地衣等病虫枝。

（3）疏枝清园。黑刺粉虱等害虫喜在茶丛下部的郁密处或徒长枝上危害。

当这些害虫发生较多时，通过疏（剪）去茶丛下部过密的枝叶和徒长枝，促进茶园通气良好、清除茶丛基部的枯枝落叶等办法，减轻危害。

一般，疏枝清园结合冬耕施肥进行，将清除的枝叶埋入施肥沟中，或做其他处理，以减少病虫的来源。

（4）耕作除草。深耕能使病虫因机械损伤、干燥或暴晒致死。尤其是对土栖病虫更为有效。秋季深耕可以将土表越冬的尺蠖、刺蛾的蛹、象甲类的幼虫以及线虫等各种病原物深埋入土，而将深土层中的越冬害虫，如地老虎等地下害虫暴露在土表使之因不良气候或天敌的侵袭致死，或直接造成机械损伤致死。

冬季结合施基肥进行深耕培土，可使根际土壤中的害虫不能出土危害。杂草常是杂食性害虫如跗线螨、假眼小绿叶蝉等的藏匿和取食场所，勤除草可以减轻病虫害。

（5）水分管理。干旱是赤叶斑病、云纹叶枯病、白绢病、茶短须螨等病虫害的诱因，尤其是高温季节，茶树根系需水量大，干旱使茶树衰弱，上述病虫害发生严重，灌溉补水是防治此类病虫害的有效措施。

但是，当土壤湿度过大，水分过多，对茶树根系生长不利，往往造成茶红根腐病、红锈藻病等多种根茎病害的发生和传播。因此，在雨季，对一些容易积水的洼地要及时做好防湿排水工作。

（6）合理施肥。合理施肥可以改善茶树营养条件，提高茶树抗病虫害及补偿能力，还可以改变土壤性状来恶化某些害虫的生存环境，甚至直接引起害虫死亡。如施用有机氮肥可以提高茶树对橙瘿螨的抗性，磷矿粉作根外追肥，对红蜘蛛有杀伤作用。

2. 物理、机械防治

（1）捕杀或摘除。对于茶毛虫、茶蚕、大蓑蛾、茶蓑蛾等形体较大，行动较迟缓，容易发现、容易捕捉或群集性的害虫，均可采用人工捕杀的办法。对于绿丽纹象等具有假死习性的害虫，在振落的同时，要用器具承接；对于蛀干害虫可以刺杀。对于许多病害可以摘除病叶、剪除病枝或拔除病枝。对地衣、苔藓可于雨后用半圆形侧口竹刀刮除。

（2）灯光诱杀。茶树害虫中，以鳞翅目害虫居多，它们大多数具有趋光性。可以用电灯、黑光灯或黑光灯加电灯作为光源进行诱杀，其中以黑光灯诱杀效果较佳。

（3）食物诱集。利用害虫的趋化性，可以饵料诱集害虫，或添加杀虫剂诱杀害虫。如糖醋毒液诱杀卷叶蛾，毒谷诱杀蝼蛄，堆草诱集地老虎，性外激素诱集小卷叶蛾，茶尺蠖等。

3. 生物防治

（1）以虫治虫。是利用寄生性昆虫和捕食性昆虫（或捕食性螨类）来防治害虫的方法。寄生性昆虫常见的有瓢虫、草蛉和捕食性盲蝽等。生产上还可以通过人工饲养这些天敌昆虫和螨类、蜂蛛等，在适当时间释放来防治。

（2）以病毒治虫。目前已经应用的有核型多角体病毒（如茶尺蠖）、颗粒体病毒（如茶小卷叶蛾）等，它具有持效期长、有效剂量低、对环境安全等优点。但病毒对害虫的专一性强，见效缓慢，对紫外线十分敏感，在阳光直射下会丧失活力，因此必须在阴天使用。

（3）以菌治虫。是利用有益的细菌、真菌或放线菌及某代谢产物防治病虫害的方法。常见的有苏云金杆菌制剂防治茶毛虫、刺蛾、茶蚕等鳞翅目害虫的幼虫；应用白僵菌防治茶小卷叶蛾、茶毛虫、油桐尺蠖、茶蚕等；应用韦伯虫座孢菌防治黑刺粉虱。

还可应用各种抗生素来防治茶树病害，如增产菌可抑制茶芽枯病、茶云纹叶枯病等病害，施用5460菌肥防治根病，用木霉菌防治茶树根腐病。

4.化学防治　在农业防治，物理、机械防治和生物防治三种方法不能有效地控制病虫危害时，可以使用农业局指定的农药品种，进行化学防治。

茶园喷洒农药

茶园生物治虫

在使用中应注意以下几点：①做好虫情调查，能挑治的不普治，不达防治指标的不使用农药；②提倡对靶施药，应用有效低容量和小孔径喷片；③在农药选用上应选取对几种防治对象均有效的农药，或进行农药混配，以达到主次害虫兼治的目的；④提倡合理混用，延缓病虫产生抗性。

（五）安全用药指南

1.小绿叶蝉　同翅目叶蝉吸汁型害虫，虫体小，成虫体长3～4毫米，遇惊即飞，成、若虫吸食茶树幼嫩叶危害。多集中于芽下2、3叶叶背，卵产于芽、叶、嫩梢表皮下，年发生十几代，繁殖能力强，世代重叠，为害期3月中旬到10月。5月中旬到7月中旬，8月中旬，分别出现两次发生高峰。

措施：①打药时要对整个采蓬全面喷药，园内杂草也需全面喷药；②可在春茶结束后，第一次虫害高峰发生前防治；③适用农药：优乐得、乐果、天王星、功夫。

2. 茶附线螨　蛛型纲蜱螨目吸汁害虫。虫体极小，成螨体长0.22毫米，有高度趋嫩性，常栖于嫩叶叶背，卵散生于嫩叶、嫩梢。年发生30余代，夏秋季为害最重，盛期集中在5月中下旬。

措施：①注意喷射新梢叶背；②适用农药：尼索朗、赛丹。

3. 茶蚜虫　同翅目蚜科吸汁型害虫，成虫体长约2毫米，有趋嫩性，多聚于新梢叶背，以芽下1、2叶虫口最多，春、秋两季出现高峰，年发生20代以上，该虫害的发生程度受气候和采摘的影响很大。

措施：①喷药时注意喷洒新梢叶背；②蚜虫对农药敏感，如专治蚜虫可降低用药；③适用农药：敌杀死、辛硫磷、天王星。

4. 茶毛虫　鳞翅目毒蛾科食叶害虫。幼、成虫体表覆毒毛，以卵越冬，卵块附于老叶叶背，年发生2代，发生整齐，无世代重叠，幼虫发生于7月上旬到9月下旬，1、2龄幼虫有群集性，成群集于叶背取食，3龄后分迁，食量大增，幼虫怕光及高温，晴天中午群虫迁移到茶丛中下部枝叶下隐藏。

措施：①需在3龄前防治；②适用农药：天王星、敌杀死、功夫、辛硫磷。

5. 茶尺蠖　鳞翅目尺蠖蛾科食叶害虫。幼虫4～5龄，5龄幼虫体长26～30毫米，有周期性暴发特点，年发生6～7代，3代后有世代重叠现象，幼虫2龄后怕光，多在清晨或傍晚取食，受惊后立即吐丝下垂，幼虫老熟后，在茶树根际附近入土化蛹，入土深1～1.5厘米，以蛹越冬。

措施：①7月前1、2代幼龄虫盛发期防治最佳；②幼虫3龄后耐药性增强；③需对茶丛内外喷雾；④适用农药：天王星、敌杀死，功夫、辛硫磷、赛丹。

6. 茶炭疽病　发病初期叶尖、叶缘或叶片中部产生暗绿色水浸状，病斑常延叶脉蔓延扩大，后叶片渐为褐色或红褐色。发病以春、秋两季为盛。

❦ 茶园生物防治

措施：①秋末施封园药石硫合剂，控制病害；②严重发生时防治。

7. 茶饼病 为害嫩叶、茎、花、果，病斑圆形，叶片症状正面凹陷，淡黄褐色，背面突起呈馒头状，上生白色或淡红色粉末。

措施：春秋季为发病期，当芽梢发病率大于35%即施药防治。①加强茶园管理，勤除草，及时采摘、修剪，使茶园通风透光；②合理施肥，适当增施磷、钾肥，尤其要注意有机肥和无机肥结合施用，以增强茶树长势，提高抗病能力；③药物防治：亩用农用链霉素20克或宁南霉素30毫升兑水50升喷雾，非采摘期用0.6%～1%石灰半量式波尔多液喷洒。

8. 茶云纹叶枯病 主要为害成、老叶，也可引起茶树梢枯。病斑呈不规则形，深浅褐色相间，有波状轮纹，上生灰黑色扁平小粒点。6月和8—9月是发病高峰期，当叶发病率10%～15%时，即施药防治。

措施：①加强茶园管理，勤耕锄，合理施肥，及时采摘，剪除病枝；②药物防治：亩用广枯灵50毫升兑水50升，或非采摘期用0.6%～1%石灰半量式波尔多液喷洒。

❦ 虫害病害茶树

 正常生长茶芽　　　　　　　　　　 茶园

9. 茶褐色叶斑病　主要发生于成叶的叶缘或其他部位。初期生红褐色小斑，以后病斑扩大成为半圆形的暗褐色斑块，病斑正面散生有点点灰霉。

措施：5月中旬和9—10月为发病高峰期。①加强茶园管理，摘除病叶，减少侵染来源；②合理施肥，增强树势，提高抗病能力；③药物防治：50%托布津或50%多菌灵75～100克（800～1000倍）稀释喷洒，或非采摘期用0.6%～0.7%石灰半量式波尔多液喷洒。

五、信阳毛尖茶树品种及选种原则

（一）信阳毛尖茶树品种

1. 信阳本地种（或群体种，当地也称旱茶）　信阳栽种茶树有千年以上的历史，信阳本地种是在长期自然选择和人工选择的过程中保留下来的适合信阳本地生长的茶树品种。在老茶园，多栽种信阳本地种。大山茶园，因为本地种耐寒，也多种植。

特点是：耐寒，芽叶瘦小，产量一般，香气高，口感浓重，回甘强烈。

2. 信阳10号　由河南省信阳茶叶试验站于1976—1988年从信阳群体种中采用单株育种法育成。主要分布在河南信阳茶区，湖南、湖北等省有少量引种。1994年全国农作物品种审定委员会审定为国家品种，无性系。灌木型，中叶类，中生种。二倍体。

特点：植株中等，树姿半开张，分枝匀称、密度大，叶片呈上斜状。叶色绿，富光泽，叶面平，叶身平，叶缘微薄，叶齿较浅，叶质中等。茸毛中等，一芽三叶百芽重40克左右。

3. 福鼎白茶（大白茶中的绿茶品种，当地称福建大白茶）　20世纪90年代末信阳开始引进的福鼎白茶品种，耐寒性较信阳本地种要差，比较适宜栽种在平地或低山，小山茶较多种植此类品种。

特点：芽叶粗壮而长，出芽较早，产量高，适合采纯芽茶，香气较纯，口感偏淡，回甘偏淡，耐泡度差一些。

4. 福云六号、七号、十号　原产于福鼎太姥山，生长期全年达8个月。长势旺盛，抗逆性强，耐旱亦耐寒，可在−4 ～ −3℃或更低亦不受冻。繁殖力强，压条、扦插发根容易，成活率高达95%以上。产量比当地旱茶高。

5. 白毫早、舒茶早　特点：茶树品种为无性系。灌木型，中叶类，早生种。二倍体。树姿半开张，叶片稍上斜状着生。叶色绿，叶身稍内折，叶面平，芽叶淡绿色，茸毛多，一芽三叶百芽重70克左右。

信阳毛尖主产区还有：乌牛早、迎霜、龙井长叶、日本薮北等茶树品种。

（二）信阳毛尖茶树选种原则

茶树的品种选择，是茶叶生产的基础，是建立高产优质高效茶园的前提，茶树良种可以优化茶叶产品结构，促进名优茶生产，提高茶叶生产效益，在品质、产量、抗性等方面都能更好地符合茶叶生产发展的需要，很多专家认为优质茶树有这样的特点：

（1）稳定性，具有相对稳定的遗传。

（2）特异性，具有一个或多个不同于其他品种的形态性状、生理生化等特征。

（3）一致性，在一定的栽培环境条件下，个体之间在形态、生物学和经济性状方面保持相对的一致。

（4）时间性，在茶叶产量、品质和适应性等方面符合一定时期内的生产和消费者的需求。

（三）良种茶树的优势

良种是优良品种的简称，选用茶树优良品种种茶有三点好处。

1. 改进茶叶品质　茶叶的好坏，排除技术等原因，茶叶原材料占据绝大部分原因，是奠定茶叶品质的基础，通过选定优良茶树，可以提高适合茶叶制作的因素，改善茶叶的品质。

良种改进茶叶品质主要体现在两个方面：

（1）外形：大部分绿茶都对茶叶的外形有着严格要求，就像名优绿茶往往要求外形翠绿匀齐，或披毫，或光洁。又如福鼎白茶的芽叶色泽绿，茸毛多，符合毛峰类名优绿茶的外形要求等。

（2）内质：良种的内含有效成分丰富，品质成分比例适宜，每个优良茶种适合制作的茶叶也不一样，例如乔木型大叶品种芽叶肥壮，茶多酚、儿茶素与咖啡碱含量较高，适宜制作红茶等。

2. 提高茶叶产量　提高产量是选择茶树最主要的原因之一，也是这个优良茶树主要的作用之一。在相同栽培条件下，茶树品种之间的产量存在显著的差异，茶树良种比一般品种可增产10%以上，高产品种在不同地区的表现也是不一样的，只有在最适合的地区才能发挥出该茶树的作用，对那些不同年份、不同茶园立地条件等因素变化也能有着较强的适应能力。

3. 增强适应性和抗性　茶树的适应性和抗性是茶树良种的基本特性之一，茶树是多年生作物，一生要经历各种生存环境，各种恶劣的生活条件，如寒冻、热旱、病虫害等。

茶树品种的抗性强弱，主要取决于茶树的遗传特性，抗性强的茶树，不仅能降低病虫害对茶树产量、品质的影响；还可以减少农药对环境的污染，降低防治病虫害的成本，提高茶叶质量安全。

在茶叶生产上可以依据茶园的立地条件，选种适应性、抗性强的茶树品种，来减轻各种逆境对茶树生长的影响，发挥良种的积极作用。中国茶树良种的拥有率从原先不足10%到2011年的48%，产量达到数倍增长。

❦ 德茗茶园信阳毛尖本地茶树

❦ 信阳毛尖浉河港名茶基地信阳10号品种

❦ 信阳毛尖浉河港名茶基地驯化转换品种

❦ 信阳车云山茶场原生旱茶品种

❦ 信阳毛尖引进福鼎白茶树品种

❦ 信阳毛尖黄庙茶场童子山本地旱茶品种

❥ 信阳毛尖车云山茶场冰雪

❥ 信阳毛尖浉河港文新茶村冰雪即景

❥ 浉河港信阳毛尖名茶基地冰雪即景　　❥ 浉河港信阳毛尖茶王之乡冰雪即景

第三章

信阳毛尖 的采制工艺

一、信阳毛尖茶鲜叶采摘细则

农谚说"早采三天是个宝，迟采三天是根草""茶过立夏隔夜老"都是强调茶叶采摘的季节性。全国各名优绿茶产地的经验是开采期宜早不宜迟，以略早为好。在采用手工分批采摘的情况下，信阳毛尖春茶当蓬面有5%～10%的新梢达到采摘标准时就要开采了。

同时，茶树早采可以促进萌发，因此采摘标准已经确定，就必须按标准及时采摘。另外，必须要掌握好采摘周期，达到标准的及时采。

信阳毛尖茶在采摘顺序上应：先采低山后采高山，先采阳坡后采阴坡，先采沙土后采黏土，先采早生种后采晚生种，先采成龄树后采幼龄树，先采大叶后采小叶，先采对夹叶和不正常叶，不能采余叶和老叶，以免影响成茶品质。

信阳毛尖作为久负盛名的历史优质名茶，其采摘要求非常严格，正宗产地信阳毛尖大山茶采摘极为困难，500克纯芽干茶需要8万～10万个茶芽制成，一个熟练的采茶工，一天工作10个小时能采4万～5万个，需要2天时间才能采摘到制作500克（纯芽）的茶青，而制作500克（一芽一叶）的茶青大概需要1.5天。

2016年信阳毛尖浉河港名茶基地数据显示：500克正宗明前信阳毛尖仅仅鲜叶采摘成本就达到400～650元（按2 250克鲜叶出500克干茶计算），加上人工炒制成本，茶农15%～20%的利润空间，500克成品干茶信阳毛尖价格逼近800元，如果价格太低，请仔细鉴别是否为正宗信阳毛尖茶。

信阳毛尖茶加工有其独特之处，相应的鲜叶采摘也有独特之处。

第一，采的鲜（芽）叶细嫩。信阳毛尖茶采一芽一叶或一个单芽（又称纯芽或芽头），茶青从萌芽到采摘，时间控制在48个小时以内，确保茶叶的嫩度。

细嫩的茶芽中含有丰富的营养物质，其中以有保健作用的氨基酸含量为最高。丰富的氨基酸含量，使信阳毛尖茶具有独特的鲜爽度。

第二，无芽茶青不采。茶树在营养充足的情况下会萌发茶芽，而在营养条件不好或环境不好的情况下，会直接生长出叶片。

一般来说，营养丰富的茶芽香度更高，口感更纯正，外形也更美观。所以当地茶农采纯芽、一芽一叶，甚至一芽两叶，而不采无芽的叶片。

第三，老叶、小脚叶不采。老叶是已经生长很长时间的大青叶，小脚叶为茶芽萌发是保护茶芽外面的一层小的包叶片。

老叶信阳毛尖在制作过程中很难形成很紧的茶条，形成的茶条偏黑，而且口感苦涩，影响茶叶的整体美感。小脚叶在制成的干茶信阳毛尖中会形成小黄片。尤其在早期明前茶中经常会有黄色的小叶片，在不影响干茶外形的情况下，允许少量存在。

第四，阴雨天不采。阴雨天采的茶因为空气湿度大，制成的干茶颜色易偏黑，同时阴雨天采的茶香度和口感都不足。

第五，采后避光，即刻加工。采摘后的茶青不能暴晒在阳光下，否则，茶青容易发蔫，制成的干茶易出现"红头"现象，也会影响口感和滋味。

❦ 信阳毛尖单芽采摘标准

❦ 信阳毛尖单芽鲜叶标准

❦ 信阳毛尖一芽一叶采摘标准

❦ 信阳毛尖一芽一叶鲜叶标准

🍃信阳毛尖一芽二叶采摘标准　　　　🍃信阳毛尖一芽二叶鲜叶标准

二、信阳毛尖茶炒制工艺流程

信阳毛尖茶是中国十大名茶之一，因独特手工炒制技艺造就不同凡响的品质。该技艺的形成、现状、流程，对传承信阳毛尖茶文化十分重要。

龙潭村茶场信阳毛尖采制技师周祖宏，2007年被河南省人民政府公布为第一批省级非物质文化遗产传承人（豫政〔2007〕11号）；车云山村茶场"雀舌"信阳毛尖传统手工茶采制技师周家军，2016年被信阳市浉河区人民政府公布为第五代非物质文化遗产传承人。

信阳毛尖采制工艺流程如下。

（一）摊放

毛尖嫩芽采摘回来后第一步，信阳毛尖茶加工前的处理工序。鲜叶摊放过程中发生轻微的理化特性变化，部分蛋白质发生水解，氨基酸含量会增加；结合态的芳香化合物降解为游离态成分，增加可挥发芳香物质，提高香气。

随着鲜叶的化学变化，鲜叶的含水量也发生变化，鲜叶脆性降低，促使鲜叶的可塑性增强。同时由于水分降低，杀青过程蒸发量减少，杀青生锅锅温易于稳定，容易控制杀青质量，制成的茶叶颜色翠绿，鲜度好。

经过摊放后炒制，品质优于现采现制的茶叶。

（二）筛选

筛选主要是按照信阳毛尖的采摘鲜叶来分出不同的品种、不同等级、不同的采摘时间，当然鲜叶异物也在加工前风箱风选清除。

（三）杀青

杀青是制茶技术的关键工序之一。

杀青的作用是去除茶叶里的水分，历时7～10分钟，茶叶含水量在55%左右。

"青"指鲜叶，杀青顾名思义就是破坏鲜叶的组织。杀青过程即采取高温措施，使鲜叶内含物迅速转化。

杀青不仅会破坏酶的活性，还使鲜叶内含物质转换为各种有益物质，是信阳毛尖制茶技艺之一，是保证干茶品质的基础。

（四）捻揉

捻揉（熟锅）锅温80～100℃，历时7～10分钟，茶叶含水量在35%左右，熟锅的作用是使茶叶成形。

（五）抓条

也称"理条""甩条"，用手工操作方法达成条索的细紧圆直。

"抓"的操作，使茶条在手中转动下而循序地压于锅壁上，使鲜叶受到摩擦，逐渐达到条形紧直。"甩"的操作，将鲜叶散于锅中使其受热均匀，并蒸发水分收缩条形。

"抓""甩"操作开始时用力需轻，随着鲜叶的逐渐干燥而用力渐重。当炒至条索紧直，成茶约有八成干时为适度。

（六）拉烘

将熟锅陆续出来的4～5锅茶叶作为一烘，均匀摊开，厚度以2厘米为宜，选用优质无烟木炭，烧着后用薄灰铺盖控制火温，火温宜90～100℃。

根据火温高低，每5～8分钟轻轻翻动一次，经20～25分钟，待茶条定型，手抓茶条，稍感戳手，含水量为15%左右，即可下炕。

（1）复烘，将摊凉后的茶叶再均匀摊在茶烘上（厚度以4～5厘米为宜，火温以60～65℃为宜），每烘摊叶量2.5千克左右，每隔10分钟左右轻翻一次。待茶条固定，用手揉茶叶即成粉末，方可下炕，复烘30分钟左右，含水量控制在7%。

（2）再复烘，将茶叶进一步干燥，达到含水量6%以下。厚度宜5～6厘米，温度60℃左右，每烘摊茶2.5千克左右，每隔10分钟左右手摸茶叶有热感即翻烘一次。经30分钟左右，待茶香显露，手捏成碎末即下炕。

分级、分批摊放于大簸箕中，适当摊凉后及时装进洁净专用的大茶桶密封，存放于干燥、低温、卫生的室内。

（3）成品茶出来，冷却后可搁置在PVC袋子中。切忌迅速进入冷库低温冷藏。因为干茶还需要在常温下静置3～5天，这个自然氧化的过程才能有效地析出干茶外形的毛峰，保证冲泡茶叶时的清香和汤色的清亮。

（七）挑选分级

复烘后的毛茶摊放在工作台上，将茶叶中的黄片、老枝梗及非茶类夹杂物剔出，然后进行分级。

❦ 信阳毛尖鲜叶人工采摘

❦ 信阳毛尖鲜叶采摘标准

❦ 信阳毛尖鲜叶收集

❦ 信阳毛尖鲜叶摊晾

❦ 信阳毛尖鲜叶手工簸拣

❦ 信阳毛尖风车风选

❦ 信阳毛尖鲜叶滚筒杀青

❦ 信阳毛尖机械揉捻

❦ 信阳毛尖手工理条

❦ 信阳毛尖青习回生

❦ 信阳毛尖炭火拉烘

❦ 信阳毛尖机器复拉烘提香

❦ 信阳毛尖干茶人工挑拣

❦ 信阳毛尖成品干茶杯泡茶样

三、机械制茶与手工炒茶的区别

信阳毛尖茶叶机械制茶的特点：

首先，机械制作能提高信阳毛尖茶生产规模的扩大，加速茶叶商品化进程，满足日益扩容的市场需求。

其次，在劳动强度上机械制茶大幅度的降低了人工成本，提高效率，生产成本得到有效控制，使得市场竞争力上升，生产厂家的经济收益得到增加，满足消费者价廉质优的要求。

最后，机械制茶工艺易于规范化，有利于保证信阳毛尖茶产品质量稳定，在扩大信阳毛尖产区、产量，普及制茶技术方面全面拉长产业链。

而信阳毛尖手工炒茶而言：

1.产量不同　手工炒茶成本高，效率低，炒茶成本增加售价自然高于机械制茶。

2.口感不同　信阳毛尖手工炒制过程中，茶师们寸步不离茶叶，随时都要注意炒锅中茶叶的成色及状态，以便对炒制茶叶进行处理。往往一锅的炒制量（信阳毛尖一锅鲜叶投放量500～600克，大概能出100～150克成品干茶）远远低于机械制茶的炒制量，但口感上手工炒茶出来的味道要比机械制茶好。

3.外观不同　手工制茶的信阳毛尖外观看起来比较抛条自然，机械制茶的信阳毛尖茶叶外观均匀且规则。机械制茶是按照预先设定的程序，保证了外观的整体匀整性，手工炒茶存在很多不可控因素，无法做到每一锅出来都一模一样。

4.茶叶品质　手工炒制信阳毛尖，是茶师根据炒茶经验和感知锅温的灵敏度，有效把控茶叶的出锅程度，从而制作出独具特色的信阳毛尖茶中优品。机械纵

信阳市茶叶局专家宋士奇（右一）在信阳毛尖主产区百年青云茶场调研

信阳市茶叶局专家宋士奇（居中）在信阳毛尖主产区百年青云茶场调研

然再聪明，也只能按照固定的程序，无法进行即时的调整，所以真正顶级的信阳毛尖优质茶品，机械制茶是难以生产出来的。

目前在信阳茶区，一些规模较大的茶企，信阳毛尖机械制茶的程度已经达到了90%以上。通过自动化的生产线，可以精准地设定产品的各项参数，从而制作出高品质的茶来。因此，在人工劳动力紧缺的今后，信阳毛尖机械化制茶，将成为主流趋势。

未来很长一段时间内，将是信阳毛尖手工炒茶与机械制茶共存阶段。当需要制作"名优高端"茶时，采用手工制作。这样即能够满足少数人的高档次需求，又能够保证质量。需要制作"普通大众口粮茶"时，采用机械制作。这样即能够满足大多数人对信阳毛尖茶叶一般性消费需求，又能够保证数量需求，这是一种相得益彰的结合模式。

第四章

信阳毛尖 的品质特征

一、质量标准

2008年12月28日，中华人民共和国国家质量监督检验检疫总局、中国国家标准化管理委员会联合发布《中华人民共和国国家标准地理标志产品 信阳毛尖茶GB/T 522737—2008质量标准》，2009年6月1日正式实施。

该标准是根据国家质量监督检验检疫总局颁布的《地理标志产品保护规定》和GB/T 17924—2008《地理标准产品标准通用要求》制定。该标准主要起草单位：信阳农业高等专科学校茶叶研究所、信阳市质量技术监督局、河南信阳五云茶叶（集团）有限公司、信阳市茶产业办公室。该标准起草人：陈世勋、尹德华、胡亚丽、李成杰、郭桂义、王运梅、阚贵元、苏凯、李凯军、张德源、王艺文、阚贵前。

该标准规定了地理标志产品信阳毛尖茶的术语和定义、地理标志产品保护范围、分级和实物标准样、要求、试验方法、检验规则及标志、标签、包装、运输和贮存。该标准适用于国家质量监督检验检疫行政主管部门根据《地理标志产品保护规定》批准保护的信阳毛尖茶。

在鲜叶分级指标中规定了信阳毛尖鲜叶级别、芽叶组成、采期：①"珍品"信阳毛尖芽叶组成85%以上为单芽，其余为一芽一叶初展，采期为春季；②"特级"信阳毛尖芽叶组成85%以上一芽一叶初展，其余为一芽一叶，采期为春季；③"一级"信阳毛尖芽叶组成70%以上一芽一叶，其余为一芽二叶初展，采期为春季；④"二级"信阳毛尖60%以上一芽二叶初展，其余为一芽二叶或同等嫩度的对夹叶，采期为春季；⑤"三级"信阳毛尖60%以上一芽二叶，其余为同等嫩度的单叶、对夹叶或一芽三叶，采期为春季；⑥"三级"信阳毛尖60%以上一芽一叶，其余为一芽二叶或同等嫩度的对夹叶，采期为夏秋季；⑦"四级"信阳毛尖60%以上一芽二叶，其余为一芽三叶及同等嫩度的单叶或对夹叶，采期为夏秋季。

鲜叶分级指标

级　别	芽叶组成	采　期
珍品	85%以上为单芽，其余为一芽一叶初展	春季
特级	85%以上一芽一叶初展，其余为一芽一叶	春季
一级	70%以上一芽一叶，其余为一芽二叶初展	春季
二级	60%以上一芽二叶初展，其余为一芽二叶或同等嫩度的对夹叶	春季
三级	60%以上一芽二叶，其余为同等嫩度的单叶、对夹叶或一芽三叶	春季
	60%以上一芽一叶，其余为一芽二叶或同等嫩度的对夹叶	夏秋季
四级	60%以上一芽二叶，其余一芽三叶及同等嫩度的单叶或对夹叶	夏秋季

在各质量等级信阳毛尖茶的感观品质要求中，信阳毛尖茶级别，从条索、色泽、整碎、净度、汤色、香气、滋味、叶底"八项因子"感观评审。

珍品　条索：紧秀圆直；色泽：嫩绿多白毫；整碎：匀整；净度：净；汤色：嫩绿明亮；香气：嫩香持久；滋味：鲜爽；叶底：嫩绿鲜活匀亮。

特级　条索：细圆紧尚直；色泽：嫩绿显白毫；整碎：匀整；净度：净；汤色：嫩绿明亮；香气：清香高长；滋味：鲜爽；叶底：嫩绿明亮匀整。

一级　条索：圆尚直、尚紧细；色泽：绿润有白毫；整碎：较匀整；净度：净；汤色：绿明亮；香气：栗香或清香；滋味：醇厚；叶底：绿尚亮、尚匀整。

二级　条索：尚直较紧；色泽：尚绿润、稍有白毫；整碎：较匀整；净度：尚净；汤色：绿尚亮；香气：纯正；滋味：较醇厚；叶底：绿、较匀整。

三级　条索：尚紧直；色泽：深绿；整碎：尚匀整；净度：尚净；汤色：黄绿尚亮；香气：纯正；滋味：较浓；叶底：绿、较匀。

四级　条索：尚紧直；色泽：深绿；整碎：尚匀整；净度：稍有茎片；汤色：黄绿；香气：尚纯正；滋味：浓、略涩；叶底：绿欠亮。

各质量等级信阳毛尖茶的感官品质要求

级别	外　形				内　质			
	条索	色泽	整碎	净度	汤色	香气	滋味	叶底
珍品	紧秀圆直	嫩绿多白毫	匀整	净	嫩绿明亮	嫩香持久	鲜爽	嫩绿鲜活匀亮
特级	细圆紧尚直	嫩绿显白毫	匀整	净	嫩绿明亮	清香高长	鲜爽	嫩绿明亮匀整
一级	圆尚直尚紧细	绿润有白毫	较匀整	净	绿明亮	栗香或清香	醇厚	绿尚亮尚匀整
二级	尚直较紧	尚绿润稍有白毫	较匀整	尚净	绿尚亮	纯正	较醇厚	绿较匀整
三级	尚紧直	深绿	尚匀整	尚净	黄绿尚亮	纯正	较浓	绿较匀
四级	尚紧直	深绿	尚匀整	稍有茎片	黄绿	尚纯正	浓略涩	绿欠亮

信阳毛尖茶的理化指标：珍品、特级、一级、二级、三级、四级信阳毛尖：水分百分比小于或等于6.5；总灰分百分比小于或等于6.5；粉末百分比小于或等于2.0；水浸出物百分比（珍品、特级、一级、二级信阳毛尖）大于或等于36.0；水浸出物百分比大于或等于（三级、四级信阳毛尖）34.0；粗纤维百分比小于或等于（珍品、特级、一级、二级信阳毛尖）12.0；水浸出物百分比小于或等于（三级、四级信阳毛尖）14.0。

信阳毛尖茶理化指标

项目		指　标					
		珍品	特级	一级	二级	三级	四级
水分/%	≤	6.5					
总灰分/%	≤	6.5					
粉末/%	≤	2.0					
水浸出物/%	≥	36.0				34.0	
粗纤维/%	≤	12.0				14.0	

信阳毛尖茶地理标志产品保护范围为河南省信阳市：浉河区、平桥区、罗山县、光山县、息县、新县、潢川县、固始、商城县、淮滨县。

二、品级标准

信阳毛尖品质高端，形状细秀匀直，显峰苗，色泽油润翠绿，白毫满披。内质汤色嫩绿、鲜亮，显淡黄，香气鲜嫩高爽，叶底嫩绿明亮、细条，匀齐。

（1）特级信阳毛尖标准为100%全芽。要求单茶芽长2.5厘米左右，条索紧秀，细圆光直，白毫满披。色泽油嫩略见微黄，单芽成朵状，饱满，紧实。芽叶肥厚，见白毫微张。汤色嫩绿油润微泛鸡汤黄，兰香四溢，鲜爽，甘甜，生津。

每500克特级信阳毛尖茶芽80 000 ～ 100 000个，采摘期明前或谷雨早期，高于国标标准。

（2）特级信阳毛尖，一芽一叶初展，芽叶比例95%以上。外形细圆匀称，细嫩多毫，色泽嫩绿油润，叶底嫩匀、柔和，芽叶成朵。香高气豪，鲜嫩持久，滋味鲜爽，汤色鲜明。

❥ 金开美副研究员（右）在调研信阳毛尖群体种茶树生长情况

❥ 金开美副研究员（左一）指导信阳茶叶深加工工艺

（3）一级信阳毛尖以一芽一叶为主。正常芽叶占80%以上。外形条索紧透，圆直匀称多白毫。色泽翠绿，叶底匀称，芽叶成朵。叶色嫩绿而明亮，香气鲜浓，栗香纯正，甘甜，汤色明亮。

（4）二三级信阳毛尖以一芽二叶为主。正常芽叶占70%左右。条索紧结，圆直欠匀，白毫显露，色泽翠绿。稍有嫩茎，芽叶成朵。香气浓强，有栗香，甘甜，汤色绿亮。

（5）四五级信阳毛尖以一芽三叶及对夹叶为主。正常芽叶占35%以上。条索紧实粗圆，色泽翠绿有粗条。叶底嫩欠匀，稍有对夹叶，色泽嫩绿较明亮，香气纯正，醇厚，汤色明净略泛黄绿。

（6）其他筛分的碎屑。俗称茶末，及挑拣出的黄片鱼叶为末级茶。不影响口感，欠缺卖相，是茶农们所喜欢的口粮茶。

第五章

信阳毛尖 的选购
与储存

一、信阳毛尖的鉴别

信阳毛尖颜色鲜润、干净，不含杂质，香气高雅、清新，味道鲜爽、醇香、回甘；从外形上看则匀整、鲜绿有光泽、白毫明显。细、圆、光、直、多白毫，色泽翠绿，冲后香高持久，滋味浓醇，回甘生津，汤色明亮清澈，因此深受广大茶友们的喜爱。

因此，导致近年来茶叶市场上冒充信阳毛尖的假茶众多，掌握如下几点，轻松鉴别信阳毛尖茶。

（一）观形

首先要看信阳毛尖的外形，不论档次高低的茶叶外形都要匀整，不含非茶叶夹杂物。

忌黄，忌青，忌杂色即灰白相间，忌白毫如雾状或结团。

茶叶要干，拿到手里轻捻即碎。

抓一把信阳毛尖，托盘底部无茶沫残留。用力捻一捻，看看它的干燥程度。

信阳毛尖的含水量非常严格，不能过高也不能太低，最佳标准含水量要保持在6.5%左右。

（二）嗅闻茶香

嗅闻香气，干茶清香浓郁。

无异味、焦煳味、酸味、杂味，尤其无人工色素香精的沉淀刺鼻气味。

（三）品尝茶味

信阳毛尖茶叶鲜爽浓醇，茶汤滋味以微苦中回甘为最佳。

信阳毛尖的滋味分别为苦、涩、甘甜、清爽。放少许在舌尖上尝一尝，直到味蕾上都能感受到茶叶不同有效成分带来的四种味道。

开汤杯泡，茶叶沉底，略见毫，溶于水，汤清略显淡黄。

茶芽或茶叶鲜爽度强，正宗信阳毛尖茶叶底厚实，油润。茶芽饱满，无空筒状，无沉淀物，无絮状悬浮物。

（四）检验茶渣

将杯泡茶叶倒置器皿中，查看叶底，是否嫩黄明亮、比较均匀，不含杂质。

兰香扑鼻，茶叶不萎缩，无杂味。

（五）真品

汤色嫩绿、黄绿、明亮，香气高爽、清香，滋味鲜浓、醇香、回甘。

芽叶着生部位为互生，嫩茎圆形叶缘有细小锯齿，叶片肥厚绿亮。

信阳毛尖无论陈茶、新茶，汤色俱偏黄绿，且口感因新陈而异，但都是清爽的口感。

（六）选择正规店铺

正规店铺一般三证齐全，进货渠道有保障。

忌图便宜，信阳毛尖人工制作成本较高，价位过低的一般为假信阳毛尖的可能性较大。

相信大品牌，品质有保障。

❦ 明前信阳毛尖车云山
茶场杯泡茶样

❦ 雨前信阳毛尖车云山
茶场干茶茶样

❦ 雨前信阳毛尖浉河港
白云寺杯泡茶样

❦ 雨前信阳毛尖浉河港
白云寺干茶茶样

❦ 川茶毛尖雨前峨眉山
名茶基地杯泡茶样

❦ 川茶毛尖雨前峨眉山
名茶基地干茶茶样

保护好茶园良好的生态环境，在目前没有更好的科技代替人工之前，坚持传统工艺制作，以匠心做好茶。

永远不要把利益放在第一位，无论我们的产品多么供不应求，也不能以次充好，以假乱真，这是原则。

老寨山茶业公司创始人：李成余
2018年8月

❦ 老寨山信阳毛尖手工茶样

❦ 老寨山信阳毛尖骨干团队

❦ 老寨山信阳毛尖礼品茶

二、信阳毛尖的日常储存

（一）低温冷藏法

高温和光照均能使茶叶中的茶单宁等物质发生变化，使其色、香、味变异。存放信阳毛尖的冷库或冷柜、冰箱，适宜温度为0～6℃。

其中使用茶叶专用冷库和家庭冷柜、冰箱保存信阳毛尖最为理想。

（二）干燥防潮

存放信阳毛尖的仓库要干燥。家庭可用大、中、小型带盖的不锈铁质茶桶、茶盒。装满茶叶抽氧充氮，不留空隙，密闭封存。

（三）要清洁防异味

干燥的信阳毛尖茶叶容易吸附异味，存放信阳毛尖按1∶10的比例和木炭同存（大量存茶不建议使用此方法）。

工具要专用，并且要保持清洁、卫生、无异味。

不能与化肥、农药、油脂、香皂、樟脑丸及霉变物质等有异味的物品同放。

家庭冰箱不能与鱼、肉、奶制品等生鲜食品同室存放。

更不能用以上物品的包装贮存茶叶。

三、饮茶与健康

茶是中国的传统饮品，有悠久的品饮历史，它有各种各样的功效和保健作用。

茶的主要营养成分有：茶多酚、茶色素酶、植物碱、蛋白质、维生素、果胶类、有机酸、茶多糖、茶皂素等物质。

饮茶对人体的血管扩张和血压起到很好的保护作用，还可以改善人体大脑的血液循环，从而促进人体大脑细胞的新陈代谢。

饮茶能够降低心血管疾病，以及死亡的风险度。每天坚持喝绿茶的人群患心血管疾病的风险度会更低。

饮茶有降低胆固醇的作用，可以让血压保持稳定。

饮茶有利于防止阿尔茨海默症及改善记忆力。

饮茶可以提高人体的免疫力和抵抗能力，特别是绿茶中含有大量的抗菌类物质，有杀菌灭菌作用。

饮茶可以消除疲劳，减少压力。绿茶富含咖啡碱成分，可以有效防止蛀牙，衰减口臭等现象。

饮茶可以达到减肥瘦身的效果，对皮肤有综合保护作用。

饮茶有天然美容的功效，延缓人体衰老。

饮茶的禁忌：①茶不宜过浓，过浓容易引起人体的激动兴奋，影响睡眠状态。对于精神比较抑郁，睡眠状况不佳的人来说，这些人群不宜喝茶，特别是睡前。②饭后半小时内不宜喝茶，缘由是饭后饮茶会引发人体的温度升高，导致钙流失。③结石病患者不宜喝茶。茶中的草酸盐会形成小结石（草酸钙结晶），阻塞输尿管。④胃溃疡患者也不宜喝茶，茶中的咖啡碱会使胃蠕动加快，刺激胃壁细胞分泌亢进，胃酸增多，胃黏膜刺激加强，从而导致胃溃疡加剧，影响胃病患者的病情康复。

河南省茶叶协会副秘书长、中华茶道网主编赖刚在
河南茶叶研讨会上发言

第六章

信阳毛尖 的冲泡
与品鉴

一、信阳毛尖茶冲泡步骤与技巧

1.取3～5克信阳毛尖茶叶投入杯中。

2.器皿选择敞口玻璃杯或透明陶瓷杯，容量200～290毫升为最佳。

3.水质要选择弱碱性或矿物质水或纯净水，烧开后冷却2～3分钟，使水温降至80～85℃。

目的：

（1）为适口。

（2）避免高温破坏茶中的有益物质。

4.倒入80～85℃开水冲泡后，第一道茶水可倒掉（就是洗茶，也称润茶）。手握茶杯略晃一圈，滤出汁水。时间不超过3秒，在快速滤汤过程中减少有益物质的流失。

洗茶目的：

（1）滤出茶中杂质，展示完美杯泡效果。

（2）给茶客尊重之感。

5.再加入80～85℃开水即可品饮，味香宜人。

6.饮至杯底剩三分之一茶汤时加添开水再饮。

目的：

（1）保持每杯茶口感偏差不大。

（2）喝干后芽叶挂杯影响爽心悦目之感。

（3）给茶客以尊重，添水添福。

7.一般可加开水冲饮4～5次，亦有余香。

待茶汤寡薄，汤色清淡即可换茶。

二、信阳毛尖茶艺表演

信阳产茶历史悠久，相传始于东周时期，2 300多年的种茶和饮茶历史，形成了独具地方色彩的信阳茶礼文化。

1. **备茶设具**　"有朋自远方来，不亦乐乎"准备深山珍茗、茶席是信阳人传统的待客之道。

2. **锋毫初展**　河南信阳毛尖，主产自信阳八县二区秀水翠山之中，得天独厚的地理条件和传统精细的手工制作造就了它细、圆、紧、直的外形特征。锋苗纤细，白毫满披的翠芽，好似佳人着纱，委婉典雅。

3. **烹泉请杯**　茶者水之体，水者茶之神。信阳茶、信阳水，原滋原味，口感独特。

4. **流云拂月**　温杯是沏茶的重要步骤，杯体升温后不至于茶汤骤冷，影响汤味，同时也有洁净之意，能为远客涤去一路风尘，静心享受一杯好茶。这个过程犹如南湾湖在艳阳高照下水气蒸腾，也示意信阳茶艺事业蒸蒸日上、香飘五洲、友遍天下。

5. **龙潭飞瀑**　悬壶高冲入杯五分满，形如龙潭飞瀑，意为高山流水，同时也是为了使水快速降温，以免烫伤茶叶。

6. **移步汤泉**　茶叶纷纷入杯，好似佳人轻移莲步，徐徐入池在汤泉中沐浴。

7. **涤尽凡尘**　信阳人沏茶有洗茶的习俗，意为洁净清本，涤尽烦恼，这也是润茶的过程，不仅可以使茶香得到很好的挥发，同时也有利于茶汁的充分浸出。

8. **随乡入境**　此时茶叶已初步舒展，其形若兰芽，香气清高，合目细嗅，仿佛置身于迷朦的茶山之中，渐入佳境。

❦备茶设具

❦锋毫初展

❦烹泉请杯

❦ 流云拂月

❦ 龙潭飞瀑

❦ 移步汤泉

❦ 涤尽凡尘

❦ 随乡入境

❦ 有凤来仪

❦ 敬奉香茗

❦ 收具谢客

9. **有凤来仪** 沏泡采用凤凰三点头注水法，犹如三鞠躬行礼，使茶叶在杯中上下翻飞，春色尽染杯底，同时也示意着对贵客光临的敬意。

10. **敬奉香茗** 茶香袅袅的一杯翠绿如同春山薄雾，可望而不可及，泡茶者以一颗虔敬的心，把寄托着茶乡人民深情厚意的香茗，双手奉送到茶客面前。

11. **收具谢客** 收拾茶具，感谢茶客。

三、信阳毛尖茶采摘制作期

清明时节，一般阳历3月28日至4月5日，为明前茶采摘制作期。茶树品种多为早期早发优质茶树品种及少量本地旱茶茶芽，是高端信阳毛尖茶的代表。

谷雨时节，4月6—15日为谷雨早期。多为信阳本地种采摘期，俗称旱茶芽，价格偏高。

谷雨中期，4月16—27日为谷雨中期。本地茶大量上市，价格居中，茶叶可选级别众多。

谷雨晚期，4月28日以后至5月中旬。大量上市期，高中低端均有。至此，信阳毛尖春茶采摘期基本结束。

芒种节气，6月5—7日采夏茶。一般会修剪茶树，休养生息，也有少量采摘制作毛尖，口感稍偏涩，外形灰白，俗称花色，更适合做信阳红茶。

立秋前后，8月7—9日采秋茶。少量制作毛尖，颜色灰暗，口感重，花色，大部分做信阳红茶。

寒露时节，10月8—9日。是信阳毛尖茶产出的一个小高峰，无论外形、口感、色泽、油润度均与春茶相似，周期较短。价格比春茶划算，性价比高。唯一美中不足的是芽稍显空，杯泡略有毛峰沉淀，形稍显乱。而同期制作信阳红茶品质一流，为最佳。汤色红艳明亮，蜜香馥郁。

四、信阳毛尖的清汤茶与浑汤茶

曾经，细圆光直是信阳毛尖的制定标准之一，是信阳毛尖的特点。也成为信阳毛尖茶"毛"和"尖"的典型特征，是人们审美需求的产物。而今，"抛条茶"（非细圆光直，略扁黄）"清汤茶"塑造了一个正本清源，"浑汤"不是好茶的概念，认为茶汤清澈透明更具有观赏性。

如果从观赏性来说，细圆光直、白毫满披的信阳毛尖，有干茶的观赏性，"抛条茶"汤清澈有茶汤的观赏性。

从口感说，"浑汤茶"茶汤浑浊或者略显浑，茶芽成个体匀净整齐。茶汤嫩绿浓郁，出汤快，大多清香回甘持久，茶味猛烈一些，前一泡和后一泡滋味区别明显。"清汤茶"茶汤透明，香气高爽，回甘，汤色略显淡黄。叶形大，叶底相对完整。茶汤口感前一泡和后一泡差别不太明显（相对"浑汤茶"而言）。

由此可见，"浑汤茶"并不是一无是处，"清汤茶"也不是完美无缺。

"清汤茶"：通常是指信阳毛尖干茶条形大、茶汤清、滋味浓。

"浑汤茶"：通常是指信阳毛尖干茶条形小、茶汤浑、滋味淡。

绿茶信阳毛尖又叫"豫毛峰"，用茶树的嫩芽制作而成。通常茶汤越清澈说明茶的质量越好。但也有很多喝信阳毛尖的茶客认为，绿茶信阳毛尖茶汤浑浊才是质量好的体现，并形成了独特的信阳毛尖的"鸦雀嘴，绿豆汤，板栗香"特征。

信阳毛尖以茶叶嫩芽精制而成，嫩芽多白亮。加上是绿茶，所以大家觉得，由嫩芽制成的信阳毛尖条形小是正常的，信阳毛尖茶汤浑浊是因为嫩芽上多毫毛，而绿茶本身口味比较清淡。

导致茶汤浑浊的原因：绿茶信阳毛尖的小芽采摘期为每年的清明谷雨时节，芽中茶多酚等物质积累的不如叶片。这么嫩的芽要炒制好茶本身就不容易，还要保持小芽的匀整度，展示杯泡的齐整性，加工过程中只能对茶叶进行长时间揉捻了。手工揉捻容易揉捻过度，还要杀青保持嫩度，自然火候把控不像叶片那样使用老火。且杀青和揉捻的步骤是产出名茶的关键，泡茶的时候自然茶汤浑浊。

此外，只有高温炒制、轻揉捻的茶叶才会形成多孔结构，有利于泡茶时茶叶中的物质析出。但为了保证茶叶做得小，必须进行低温炒制。低温炒制直接导致茶叶物质无法析出，茶叶泡起来味道自然就淡了。缘由是低温炒制使茶叶汤色碧透，喝起来清香，更有卖相，是市场的需求使然。这种清淡香味，就成了"青草气"和"青涩味"。

归根结底，"浑汤茶"的日盛与近年来对早春茶的追捧有不可分割的关系。

这些年早春茶催生了太多的市场怪象——乌牛早、大白茶、龙井43等这样的"早生种"越来越多，外省茶冒充名优绿茶也不在少数，而像信阳毛尖这种北方产的优质历史名茶，在市场的风气带动下日渐"改了标准"也算是个典型。

在"春茶以早为好""春茶越早越好"的市场导向下，茶农们的采摘时间越来越早，同时也对原料的等级要求越来越高。

原本是谷雨前的"一芽一叶"，现在演变成清明前的"只取嫩芽、芽带白毫"。茶尖刚刚长出，虽然品相确实好看，但成分尚不如光合作用充足形成叶绿素的叶片茶淳厚。

现在对这种高等级稀缺原料的追捧已经出现在了龙头企业，且卖价又高，那毫无疑问，茶农会纷纷转向只做芽头，也让更多人在高价下面临越来越喝不起信阳毛尖的压力。

市场经济决定了无论是"浑汤茶"还是"清汤茶"，无疑都是信阳毛尖茶走向市场化的一个过程。遵循古法炮制是一个传承，而制作小芽所谓"小浑淡"的信阳毛尖茶依然有众多的客户喜欢。

暂且不说名茶三分外形的要求，人都对赏心悦目的事物有着浓厚的兴趣。

"清汤茶"的口感优势略为明显，全程老火所以香气芬芳淳厚。然而市场态势并不理想，从卖茶角度上讲，"浑汤茶"的优势比"清汤茶"更为明显。

无论怎样，存在既有道理。

信阳毛尖茶出现的"浑汤"和"清汤"之争，没有好与坏之分，应该说这两种茶汤的做法都是一种进步。有人固守传统有人超越梦想，任何新生事物的出现，绝非偶然。

个人认为，对待这样的局势应以治疏为上，政府、行业协会、生产企业和市场消费者都是一个有机整体。倡导进步是一种态度，对新技术的发展应给予支持。对传统不抛弃，但取其精华、去其糟粕也应该给予积极引导。

　　信阳毛尖茶是世界茶类的瑰宝，多方位的标准存在，产区概念的优化，让消费者根据自己需求来选择茶品。

　　"百花齐放，百家争鸣"是一种兴盛的局面，我们希望看到更多的新技术运用在信阳毛尖茶上，最终都将受益于信阳老区8县2区的茶农，为子孙后代留下宝贵财富。

❀ 明前信阳毛尖浉河港名茶基地杯泡茶样

❀ 明前信阳毛尖浉河港名茶基地干茶茶样

❀ 雨前信阳毛尖浉河港名茶基地杯泡茶样

❀ 雨前信阳毛尖浉河港名茶基地干茶茶样

🍃 明前信阳毛尖商城县黄柏山茶场杯泡茶样

🍃 明前信阳毛尖商城县黄柏山茶场干茶茶样

🍃 雨前信阳毛尖商城县黄柏山茶场杯泡茶样

🍃 雨前信阳毛尖商城县黄柏山茶场干茶茶样

五、信阳毛尖洗茶洗什么

谈到"洗茶"一词，许多人都不会感到陌生。据考证，"洗茶"一词始于北宋，一直应用于泡茶饮用程式，至今约700年历史。《中国茶叶大辞典》对"洗茶"解释："洗茶即洗去了散茶表面杂质，且可诱发茶香、茶味。"再有明代《茶谱·煎茶四要》载："一、择水……二、洗茶：凡烹茶先以热汤洗茶叶，去其污垢、冷气，烹之则美。三、候汤……四、择品……"

洗茶，也叫"温茶""浸茶""润茶""醒茶"，是多数人在泡茶时都习惯做的一道工序。

虽然大家对洗茶这道工序都不陌生，广义上认为，洗茶就是要把茶叶中不干净的夹杂物洗掉，觉得不洗茶是不卫生的。可是，洗茶真的把那些不干净的物质洗净了吗？洗茶真的科学吗？假设信阳毛尖茶存在一定的污染，那么污染物的存在形式无外乎两种，一种污染物（粉尘等污染）附着于茶叶表面，如果还有另一种污染物（农药残留物、重金属等污染），则以络合态的形式隐藏于茶叶叶片内。

从常见的冲泡信阳毛尖茶洗茶手法来看，人们洗茶并不像洗衣服那样进行揉搓，其实就是把茶叶用热水洗一遍，然后滤掉头道汤水。

在这个所谓"洗"的过程中即便能除掉污染物，也只能洗掉茶叶条索表面的污染物。即使有农药残留物、重金属等污染物，其存在形态基本上都是以络合态状被固化于茶叶叶片细胞内，而且多为脂溶性物质，很难溶于水中，仅仅通过轻轻一"洗"想把它"洗"出来是绝对不可能的。

况且冲泡信阳毛尖茶的水温一般都在 $80 \sim 85℃$，这样的温度是无法有效浸出所谓茶叶中的农药、重金属残留的。

有科学依据证明，除非吃掉茶叶，这个农残、重金属才真正进入人体内。事实上，我们冲泡到最后倒掉茶叶，尚有超过45%的有益物质依然停留在茶叶个体里，根本没被人体有效吸收。

纵观信阳毛尖茶叶，在由鲜叶制成成品茶的过程中，几乎全部都要经过一个揉捻或是理条塑形的工序。在这一流程中，茶鲜叶内的部分营养物质会随着茶叶的汁液外溢而暴露于茶条表面，当茶叶加工进入干燥工序，水分因受热而蒸发。但先前随茶汁外溢出来的蛋白质、氨基酸、多酚类等营养物质却以结晶态的形式附着于茶条表面，这些物质大多都属水溶性物质，一旦与热水接触，在短短的几秒钟之内便会大量溶解于水。

所以，信阳毛尖茶的洗茶过程不能超过3秒钟，否则茶中的有效成分就会大量的损失。

　　我们在泡茶时，由于水流的振荡，茶汤表面会产生泡沫，这就是茶皂素。茶皂素是一种活性抗氧化剂，有抗渗漏消炎、抵制胃排空促进胃运转的作用。其和人参中的人参皂素，大蒜、洋葱中的烯丙基二硫化合物一样具有提高人体免疫力等功效。而恰好头道茶汤中，这个茶皂素的含量是非常丰富的。

　　所以我们能够得出结论，重发酵、轻微发酵、花草茶、团饼茶等洗茶是有必要的。这和明代以前中国茶叶的存在形式有关，多为团凤茶，即团状、饼状、沱状、砖状等，无论生熟都需要长期存放。

　　信阳毛尖茶属绿茶炒青工艺，采摘期早，无虫害即无须生物农药喷洒，制作全程离不开高火高温；运输有低温冷链，储藏有冷库冰柜，可接触的污染环节几乎没有，所以洗茶之说可有可无。

❧ 浉河港文新茶村

　　可有：是指消除茶客心理对卫生状况的担忧，即对茶客的尊重。

　　可无：是指这样优质的农产品无须人为制造有益物质的过程流失，多此一举。

　　其实，我们所谓的洗茶，除了大家公认的是洗去茶叶中夹杂的脏东西外，洗茶还有另外一个重要作用，就是对茶叶进行浸泡。

❧ 文新信阳毛尖茶艺表演

这样有利于茶叶的舒展和茶汁的浸出，从卖茶的角度讲，能被茶客快速闻嗅到茶叶的香味，是利于销售的一种方式。

即使洗茶，洗的也不是我们所说的农药残留物和加工、储藏造成的细菌和脏东西，因此把信阳毛尖洗茶称为润茶才更恰当一些。

❦ 信阳毛尖车云山茶场杯泡茶样

❦ 信阳毛尖车云山茶场盖泡茶样

第七章

信阳毛尖 的文化鉴赏

一、信阳毛尖茶与名人

（一）信阳毛尖茶学教授郭桂义

郭桂义，1983年7月毕业于安徽农业大学茶业系机械制茶专业，农学学士。现任信阳农林学院茶学院院长、茶叶研究所所长，二级教授，国家一级评茶师、国家一级茶艺技师，河南科技学院茶学硕士研究生导师。河南省茶产业技术创新战略联盟秘书长和专家委员会主任委员、河南省豫南茶树资源综合开发重点实验室主任、河南省高校信阳毛尖茶产业工程技术研究中心主任、信阳市茶叶加工与检测工程技术研究中心主任、信阳市茶产业基础研究重点实验室主任。

1963年的农历11月，郭桂义出生在一个不产茶也不喝茶的地方——河南省辉县，1979年的夏天，一心想学工不愿学农的他，因为高考成绩、服从调剂院校和专业被录取到了安徽农学院茶业系机械制茶专业。从此与茶结缘，4年后的1983年8月，被分配到当时的信阳农业学校（大专班），即现在的信阳农林学院，从事茶叶的教学工作，同时也开展一些茶叶科研和技术推广工作。2004年晋升教授，2015年晋升为二级教授。

近40年来，郭桂义教授勤勤恳恳，努力工作，先后主讲《茶叶审评与检验》等多门课程，2004年，主讲的《制茶工艺》课程被评为"国家精品课程"；获河南省高等教育省级教学成果奖一等奖3项、二等奖2项，茶学专业为河南省高校专业综合改革试点项目，茶学实验教学示范中心为河南省高校实验教学示范中心，茶学专业教学团队为河南省高校优秀教学团队，茶资源利用与质量安全控制团队为省级创新型科技团队，并建有省教科文卫体工会科技人才创新工作室，培养茶学专业毕业生1 000余人，他们已成为信阳市茶产业管理、技术推广和企业的骨干力量，为信阳毛尖茶产业的发展做出贡献。

郭桂义教授在搞好教学的同时，积极参加茶叶科学研究、科技开发、技术推广工作。学校地处信阳，而信阳又是全省主要的产茶区。如何利用高校特有的人才和技术优势，指导当地的茶产业发展，使信阳茶产业的资源优势转化为经济优势，是多年来郭桂义教授一直在思考并致力于解决的问题。1983年茶叶供过于求，普通炒青不好销。为提高信阳茶区的经济效益，从1985年起，将茶叶专业实践性教学与技术开发、推广相结合，每年的茶叶生产季节，学生进行实习，他都要带上他的学生到新县、固始、商城、光山等县推广信阳毛尖茶炒制技术，提高茶农的经济效益。

郭桂义教授对中国传统名茶信阳毛尖茶进行了较深入的理论和应用研究，较早总结提出了信阳茶区对茶树品种的要求和适宜推广的无性系茶树良种，2013年主持的"信阳茶树种质资源普查评价及应用推广"获省科技进步三等奖，为信阳茶区茶树良种的推广，提供了重要依据。主持起草制定了GB/T 22737—2008《地理标志产品—信阳毛尖茶》国家标准，实现了信阳市制定国家标准"零"的突破，为信阳毛尖茶的标准化生产做出积极贡献。另获省科技进步二等奖2项、农业部全国农牧渔业丰收奖二等奖1项。先后编著出版《信阳历史文化丛书·茶叶卷》，参加编写出版《中原茶典》《中国名茶志》《中华茶史》《信阳毛尖茶》等著作。对中国传统名茶信阳毛尖茶进行了较深入的理论和应用研究，2002年6月，郭桂义教授在国内率先探讨茶叶清洁生产问题，在《茶叶科学》《食品科学》《中国茶叶》等学术刊物发表《茶叶茸毛化学成分的测定》《信阳毛尖茶汤pH值的初步研究》《信阳毛尖茶生产中存在问题探讨》《信阳市茶树品种结构现状调查与建议》《安吉白茶与信阳群体种信阳毛尖茶化学成分和品质的比较》《试论绿茶初制机械的选型》《无公害茶叶生产关键技术》《名优绿茶综合贮藏保鲜技术》《信阳毛尖茶》《信阳毛尖机制工艺试验》《春季不同时期信阳毛尖茶的化学成分和品质的比较研究》《信阳毛尖茶化学成分与品质的关系初探》《信阳毛尖茶与我国几种名茶化学成分的比较》《冲泡条件对信阳毛尖茶汤内主要滋味成分的影响》《信阳毛尖茶感官品质因子的相关性》《适宜信阳毛尖茶区推广的茶树良种》《信阳退耕种茶应注意的几个技术问题》《依靠科技创新，促进信阳茶叶产业发展》《信阳茶业可持续发展对策的研究》《水质对信阳毛尖茶冲泡品质的影响研究》《玻璃杯冲泡法信阳毛尖茶艺》《信阳茶俗和茶艺》等学术论文100余篇，为信阳毛尖茶的技术改进提供理论支撑，同时提高了信阳毛尖知名度。

郭桂义教授也经常深入茶区开展技术培训，与茶农打成一片，推广茶叶优质安全生产技术、名茶加工技术、红茶加工技术等茶叶生产先进技术，为信阳茶区的科技进步、茶叶产品结构的调整，提高茶叶生产的经济效益做出了一定贡献。

郭桂义教授先后荣获信阳市优秀青年知识分子、信阳市优秀青年科技专家、信阳茶叶技术推广十大名人、河南省农业科技先进工作者、河南省教育厅学术技术带头人、河南省技术能手、全省教育服务年活动先进个人、河南省优秀科技特派员、河南省师德标兵、河南省五一劳动奖章、全省高等学校优秀共产党员、全国高等学校教学名师奖、河南省优秀专家、杰出中华茶人等称号。

❥ 郭桂义教授专业评审信阳毛尖茶

❥ 郭桂义教授荣获第四届全国高等学校教学名师奖

❥ 郭桂义教授为学生讲解信阳毛尖茶机械化加工揉捻

❥ 郭桂义教授为学生实地讲授专业评审

❦ 郭桂义教授在信阳毛尖茶传统手工
炒制大赛现场观察选手炒制

❦ 郭桂义教授在2017年全国名优（绿、红）
茶产品质量评审会现场评审

（二）信阳毛尖茶产业领军人物刘文新

刘文新，1972年出生，家住平桥区肖王乡，兄弟姊妹7人，刘文新排行老六。在刘文新的记忆当中，赶大集、种菜、养鸭子、养猪、插秧、收麦、打稻子成了全部记忆，生活基本温饱。

刘文新与茶结缘是因为他的姐夫。刘文新的姐夫是东双河茶区卖茶叶的，刘文新嘴甜会说话，便跟着姐夫摆了3年地摊卖茶叶，生意还不错。到1992年，信阳茶叶迎来新的发展机遇，举办了第一届"信阳茶叶节"。当时信阳市委市政府，在幸福路上建立了一个茶叶市场。刘文新大胆的租了门面房，开起了茶庄。迎来的客户群体就不一样了，消费能力明显提升，他的顾客就定位为两类人——有权人和有钱人。这个创业的经历就是敢于尝试，抓住机会。

同时，刘文新还创新茶叶包装，引领信阳茶叶包装市场。透明塑料袋、茶叶铁盒、木盒、礼品盒等，文新玩了个遍，就这样一路创新，一路领先。

1995年，刘文新拿出自己多年积攒的2.5万元买了一套房用来办公，当时他已经有了品牌意识，要让自己的商品正规化。随后向国家工商总局注册了文新商标，挂牌成立了信阳市文新茶叶有限责任公司。

1998年，刘文新当选信阳市政协委员。当年信阳茶叶节过后，偌大的信阳茶都，却没有一个像样的休闲喝茶的地方，于是他就萌生了开茶馆的想法。1999

年，刘文新花90万元买下信阳市申城路的房子，还向银行贷款了60万元，装修茶店、茶馆。2000年，申城大道文新茶馆开业，这也奠定了文新公司"一店一馆"式发展的最早模式。

2001年，刘文新投资400万元，买下信阳市中山路的商铺，2002年中山路文新茶庄、茶馆正式开业，此地标成为文新信阳总公司的办公场所。

"人是需要走出去，不断进步的。"这是刘文新常挂嘴边的话。2003年文新进军郑州万客隆茶城，后来茶城倒闭了，文新茶叶专卖店郑州折戟。

2004年，文新再次进军郑州市场，在郑州租了一间门面，专卖信阳毛尖，生意一般。于是，刘文新决定把店面做大。2005年，文新2 000多平方米的商铺亮相，年租金100万元。文新坚信，要想在郑州把生意做好，茶叶卖出名，就必须做大，做成品牌。花了9个月时间装修，2006年9月30日，郑州经四路文新茶叶专卖店开业。当时刘文新压力特别大，整整瘦了18斤。后来的发展证明文新的决定是正确的，刘文新将"一店一馆"的成熟发展模式在郑州成功复制，奠定了文新公司在郑州市场的稳定根基。现在文新公司在郑州涵盖了茶叶专卖店、茶馆、茶餐饮、茶住宿等，是信阳茶叶全产业链式的发展，仅郑州就有100多家店面。

重视宣传、会宣传，是文新的一大特点。2005年信阳茶叶节期间，刘文新在信阳火车站竖起形象广告牌"文新茶叶，心容天下"，塑造企业文化。

2006年文新干了三件大事：一是投巨资进军郑州市场，二是在信阳买商铺继续增开文新茶叶专卖店，三是投巨资开发建设浉河港文新茶叶加工园。

2009年9月，文新公司投资1.2亿元，在信阳羊山新区开工建设文新茶叶科技园，这是中国茶产业现代化的样板园区，也是信阳茶产业对外展示的窗口。同时，2009年文新茶叶的市场开拓到了北京，在北京建立了文新茶叶北京分公司，如今北京已经开设了近20家文新专卖店和文新茶馆。

文新公司20多年来的发展历程，从最初的一两个人，一间门面，发展到现在拥有2 000多名员工，500多家专卖店，是一步一个脚印，不懈奋斗得来的。刘文新这样总结自己：保持创新，永远走在市场的最前沿；清醒面对市场的敏感眼光；专注做茶，将一件事当做一辈子的事来做。作为信阳茶产业领军人物，刘文新对信阳茶叶的未来充满信心。

❧ 2018年信阳茶文化节，中国国际茶文化研究会周国富会长（右1）在刘文新董事长（左1）陪同下品鉴文新信阳毛尖茶

❧ 2018年信阳茶文化节，中华全国供销合作总社党组书记宋璇涛（中），中国茶叶流通协会会长王庆（左2）品鉴文新茶

❧ 刘文新董事长在信阳市茶产业发展大会上发言

（三）信阳毛尖雀舌传统手工技艺非物质文化遗产传承人周家军

信阳毛尖的发源地，核心产区，贡茶产地——车云山，种茶历史悠久，据历史记载唐代车云山就出好茶。相传在唐代天授初年（690）女皇武则天喝车云山的贡茶，治好了多年的肠胃病，遂赐金在车云山顶建千佛塔，两年后为护塔又建青龙寺。

清宣统二年（1910）绅士陈玉轩、王选青、陈相廷及周家军的太爷周金万集股在车云山上种茶，成立了宏济茶社（后改名车云山茶社），开辟茶园80亩，种茶4万窝，年产干茶千斤。1915年时值巴拿马运河通航，举办万国博览会，车云茶社被国民政府推荐春茶二斤（雀舌）参加展出，经专家评审，荣获世界金奖；1999年周家军和龚华成、罗华荣炒制的信阳毛尖车云山样品茶叶代表"五云山"牌获得昆明世博会金奖。

车云山手工茶炒制技艺是车云山茶农代代传承下来的，沿用至今。正宗的车云山信阳毛尖茶，干茶淡黄，汤色黄绿茶芽呈鲫鱼肚状，两头尖中间鼓。其特点可概括为：叶厚、芽状、香高、味浓。

信阳毛尖雀舌茶传统工艺是采摘一芽一叶初展，芽叶萌出形态酷似小鸟雀张开嘴露出舌尖的茶叶，故名"雀舌"。要求芽叶嫩度匀整色泽一致，不采紫芽叶，雨水芽叶，防止芽叶变色。茶叶炒制十分讲究，关键技术在熟锅和"炕头"上。这些关键技术均为有经验的老茶农掌握，炒茶历来为男子的事，代代相传，以老带新。

手工炒制茶叶的工艺流程为：生锅、熟锅、初烘、摊凉、复烘、拣剔、再复烘、储存八道工序。

手工茶炒制茶叶离不开锅。信阳毛尖均是用铁锅炒制，炒茶用的铁锅一般上面直径84厘米，俗称"牛四锅"。炒茶的锅台高40厘米左右，后壁高1米与墙贴合。生、熟锅并列，均成35°～40°倾斜装置，锅台为砖水泥结构，四周严密不串烟。火门在墙外，并设烟囱。

车云山信阳毛尖雀舌手工炒制技艺必须严格把控如下程序，详解如下：

生锅。生锅就是对茶叶进行杀青、初揉。炒茶前用于木柴将锅烧到140～160℃高温时，迅速将鲜叶放到锅里。每一次投放鲜叶0.4～0.6千克。鲜叶投入锅后，会发出轻微的啪啪的炸响声。这时要及时用茶把反复挑翻，经3～4分钟叶子软绵后，再用把子收拢茶叶，裹条轻揉，动作要逐步加快，不时挑动抖散，反复进行，促使水分蒸发。避免闷芽，影响茶叶的色、香、味。从鲜叶下锅，到叶片卷缩，初步形成泡松条索，历时7～10分钟。茶叶含水量在55%时，就可以转熟锅。

熟锅。熟锅就是对生锅后的茶进行做条、整形，使发挥香气，这是手工炒茶的关键工序。熟锅锅温应在80～100℃，仍用茶把操作，以把尖团转茶叶"裹条"为主，不时挑散，反复进行。3～4分钟后，茶条较紧细，茶把稍放平进行"赶条"，就是将茶条赶直。待茶条稍干互不相粘后，改用手直接"理条"，促使茶条细、圆、光、直，外形美观。"理条"也称"抓条""甩条"，反复变替进行，动作要敏捷，抓得匀，甩得开，扳得直。熟锅全过程历时为7～10分钟。

初烘。初烘就是对茶叶整形干燥，便其继续蒸发水分，以致足干，便于保管，同时起到彻底毁灭茶叶残条酶的活性，防止氧化劣变，充分展现茶叶色、香、味，并将茶叶的形状固定。初烘时须用优质无烟木炭。燃着后用薄灰铺盖成暗火，火温为80～90℃。6～7锅熟茶1.5～2千克为一烘，每隔5～8分钟翻拌一次。初烘经20～25分钟后茶条定型，色泽鲜绿，稍有清香。

摊凉。摊凉就是将初烘过的茶叶放凉。茶叶初烘后要即时摊凉1～4小时，摊时厚度在30厘米左右，待茶条内水分渗出均匀后即时复烘。

复烘。复烘就是将茶叶再次进行干燥处理，俗话说"二道火"。复烘火温应控制为60～65℃，每烘为2.5～3.5千克，每隔10分钟进行翻拌。复烘一般历时30分钟左右，茶叶色泽翠绿，光润，香气清高，含水量在6%左右。

拣剔。拣剔就是将不符合要求的叶子、老梗及异物等影响茶叶质量的东西拣去，俗称"择茶"。

再复烘。再复烘就是对茶叶进行三次干燥处理也称"三道火"。要想茶叶香必拉"三道火"。再复烘的火温应在60℃上下，每烘3～3.5千克，10分钟翻拌一次。经25～30分钟，茶叶色泽翠绿光润，香高浓型，手捏即成碎末后，即下烘，分批分级存放，然后趁条热及时装进茶桶密封。

储存。储存就是将炒制好的茶叶存放于室内干燥、低温避光、卫生的地方，严防窜入异味。

随着车云山的茶知名度与需求量逐渐提升，大规模的机械化炒茶越来越多地应用到茶叶生产之中，传统手工炒茶日渐减少，但作为一项传统工艺，手工炒茶依然拥有独特的魅力。手工炒茶看似简单的几道工序，却蕴含着无穷的智慧。这是先辈们留下的宝贵财富，我们要保护传承，并发扬光大。

周家军是信阳毛尖车云山雀舌传统手工茶采制技艺第五代传承人，从小就跟父亲学习传统手工炒制雀舌茶技艺，在父亲的精心指导下，通过长期的炒茶经验积累，能制出一流的信阳毛尖茶，成为车云山雀舌手工茶传承人。

2016年6月15日，车云山雀舌传统手工茶采制技艺被信阳市浉河区人民政府公布为浉河区非文化遗产保护名录，并公布周家军为车云山雀舌传统手工采制技艺传承人。

周家军热爱茶山，更热爱茶叶，他一直潜心研究车云山雀舌茶手工制作技艺，不仅研究出自己独特的纯手工制茶方法，更注重遵从自然规则，崇尚生态种茶，致力手工茶制作技艺的传承保护。

周家军一直坚持生态种茶，用最传统的工艺制茶，他认为能制作出好茶，茶园管理很重要，每年5月中旬他把120亩茶园全部修剪，7、8月对茶园进行深挖（伏挖）一遍，秋季进行浅挖一遍并施一部分农家肥，冬季备足木材和木炭（橡子树木炭）为开春炒茶叶用。

周家军的120亩茶园每年可产3 000千克干茶，全部是手工炒制，对年轻的炒茶工手把手地教，并根据茶客需求和茶叶等级分类进行指导，对客户提出的问题和要求记在日记本上，随时改进。所以豫峰顶茶叶专业合作社所炒制的茶叶精细，品质高，茶客非常认可，回头客很多。

周家军在郑州设有车云山村茶厂直销店多是手工茶叶，由于他非常热爱传统手工茶制作工艺，经常参加信阳市举办的各类手工炒茶大赛，并经常给车云山茶农讲手工制茶的流程和技艺，还经常到武汉、郑州、三门峡等地专门讲解手工制茶工艺。

现在周家军最大的心愿是希望各级政府和茶农能够更加重视传统手工制茶工艺，让手工制作技艺能一直传承下去。因为手工艺是我国传统文化的一个重要组成部分，手工茶容易掌控炒茶火候，所制茶叶比较完整，无损伤，色泽更加翠绿油润，汤色金黄明亮，香气浓郁口感比较清纯，更加天然，更加原生态。

❦周家军在茶园示范鲜叶采摘

❦周家军进行信阳毛尖烘焙

❦周家军手工熟锅理条

❦周家军进行生锅杀青

（四）信阳毛尖高香茶制茶大师周其鹏

正值映山红染红大别山主峰金刚台的季节，满目舒展的茶芽让信阳商城县其鹏有机名茶厂董事长周其鹏的心像映山红一样充满火热激情。

与苍青翠绿的茶山形成反差的是，周其鹏早已谢顶，他诙谐地说："我是用自己的青春助绿了茶山。"

　　周其鹏出生于大别山信阳毛尖原产地商城县金刚台茶乡，毕业于浙江大学茶学系，1992年转岗创业，现年55岁，任商城县其鹏有机茶专业技术协会会长，商城县茶叶协会会长，中国茶叶学会会员，中国茶叶流通协会会员，河南省茶叶协会理事，河南省劳动模范，市、县人大代表，2017年被中国茶叶流通协会评选为"中国首批制茶大师"。

　　周其鹏自1992年以来所获国际、国家、省级以上茶叶竞赛中特等、金、银等奖达136个，获省、市、县茶叶科技进步奖一等奖2个、二等奖5个，茶叶学术论文3篇，出版图书2部，为信阳市非遗传承人之一，茶厂为市级非遗传习所之一，中国有机茶获证第二家，河南省首家信阳毛尖有机茶第一家等殊荣和资质。

　　他从小就耳濡目染跟着父亲种茶、制茶。在学制茶上，父亲对他毫不含糊。从最苦的大茶把子杀青开始，由生锅和熟锅连续作业，炒制时要用上腕力、臂力、腰力、眼力、嗅力和耐受高火温的锁热力，一天要干16个小时上下。连续几天下来，胳膊都肿了，吃不下饭，走不稳路。"老祖宗传下的东西都是经过千万次时间积累然后顿悟，万丈高楼平地起，再苦再累都得从基础干起。"回忆年少岁月，他记忆犹新。正是在父辈的严苛教导下，他苦练内功、精益求精，逐渐成长为一代制茶大工匠。

　　刚入行那几年，他细心研究每个山头茶叶的品质区别，反复琢磨不同时间段生长的鲜叶如何炒制以及生产中每道工序对味道的影响，严把火的功夫，失水的过程。随后几年，他

❦ 周其鹏指导信阳毛尖手工制茶

访遍各大名茶产区，经过对23个国家级茶树品种的试种和老树种的结合，最终找到最适合的品种——薮北，并以此为原料参赛，一举夺得1997年在北京举办的国际名优茶评比会金奖，当时填补了商城县有史以来无国际金奖的空白。该品种于1998年通过了国家有机茶研究与发展中心的检测鉴定，成为全国首款信阳毛尖有机茶。

❧ 周其鹏在制茶车间指导信阳毛尖生产

制茶最讲究的是火候，和火打交道久了，他便琢磨出了火工要点。"以往，炒制信阳毛尖主要靠手工制茶理论、制茶经验来掌握火候，有时产品出来质量不稳定，因人的精力总有疲劳的时候，同一批鲜叶

❧ 周其鹏示范信阳毛尖手工制茶技巧

同一个人在不同的时间炒制出的产品都有区别，有时不仅产量低、效率低而且人力消耗很大，结果成本高，品质缺一致。"他为了改变这一局面，经过无数次的实验，无数次的失败，无数次向杭州茶科所的教授们求教，终于总结出了手工是基础，机械是方向，用数据化标准来掌控温度的新方法，与制茶机械厂方联合研制出了一套节能化、智能化、人性化、故障率低，便于维修好操作的名优茶制作机械，结束了纯手工制茶的时代。

现在走进其鹏茶厂，制茶车间宽阔通透、窗明几净，制茶工艺流程人机结合、分段流水线，既提高了干茶品质，又提高了工作效率，制茶人的工作环境也得到了极大的改善。

商城县的信阳毛尖以春茶为主，每到生产高峰期，他全天24小时都会"泡在"生产车间。他认为，茶叶的加工时间是以分秒来计算的，当工人吃饭时，他就一个人顶上，因为人能停，但机器不能停。

有一年4月上旬，正是春茶生产高峰期，周其鹏因过度劳累、积劳成疾，正在输液的他，不顾家人和师傅们的劝阻，一只手用竹竿子高举着吊瓶，在车间里不停查看炒茶进展和质量。他的铁人精神，令大家敬佩，也获得了社会的赞誉：2006年被推举为信阳市人大代表（连任三届），2009年受到全国政协主席的亲切接见，2010年被评为河南省劳动模范，2012年被评为省级非物质文化遗产传承人的候选人。

❦ 2018年信阳茶文化节，中国茶叶流通协会王庆会长（右1）为周其鹏（左2）等首批中国制茶大师颁奖并合影

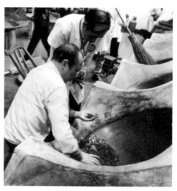

❦ 周其鹏示范信阳毛尖制茶手工理条

❦ 周其鹏为国际友人讲解中国名茶信阳毛尖

获得荣誉的他，并没有骄傲，而是恪守着他的志向，担负起信阳毛尖传承的责任。近年来，他开设免费培训班20余次，成系统的传授信阳毛尖传统制茶技艺，有近千茶农通过他学会了信阳毛尖的传统技艺、现代工艺和古今结合的制法，更进一步了解了信阳毛尖的工艺，体会了信阳毛尖的文化。

为了能让热爱信阳毛尖的人，看到好产品，享用到好产品，周其鹏也一直坚持以质量求生存，以信誉求发展，做人做事低调，严谨，不爱宣传，严到让产品自己找市场，让市场寻求他产品的企业理念。

周其鹏一直坚持生产出老百姓爱喝的、喝得起的、想买的、有留念价值的茶叶。在父辈的教导下修心修德，做人做事做良心，不贪不占，积德行善，做一个有"工匠精神"的实业家，将一叶叶高山有机茶送至千家万户，在精益求精制好茶的实践中守护着信阳毛尖的独特魅力，促进小茶叶大效益、小茶叶大名声、小茶叶大文章的健康发展。

二、信阳毛尖茶文化推广

河南省人大常委会副主任，信阳市委书记乔新江表示：信阳不仅要通过发展多种产业来实施精准扶贫，还要利用茶叶这一优势龙头产业引领，将生态优势转化为发展优势，推动脱贫攻坚。

信阳是生态旅游城市，近年来，在环境保护和生态建设上取得了很多成绩。下一步仍需继续打造信阳毛尖的品牌资源，在茶产业链上下功夫，在茶文化上做文章，让涉茶产品更加精细化，让茶文化全方位地展现在世人面前。

当今和谐新农村的主题应该对信阳毛尖和信阳地方都有很好的发展推动作用。特别是国家对落后老区投放的扶贫资金和农业产业项目开发资金，当地应该利用信阳毛尖的金字招牌做大做强几个支撑信阳毛尖产业的龙头企业。

信阳的文新信阳毛尖、龙潭茶叶公司在信阳当地是响当当的名号。每年信阳毛尖新茶上市季节，其确定的收购价格是市场行情的风向标，这不得不说是农业产业化龙头企业对地方茶产业最和谐的发展带动结果。

信阳毛尖上市季节时间短，带动不能背产业包袱，不能将产业风险附加到茶叶从业者身上。应分两步走：信阳毛尖茶产业面和信阳毛尖茶产业链。形成信阳毛尖茶走入市场化的供求关系平衡，相互收益。

外商投资者这样评价信阳：信阳的文化底蕴是典型的豫南文化圈，这里有南北文化差异汇集，既有江南风情的柔情万种，又有雪域北国的万丈豪情，而其中最典型的就是信阳的茶文化。

信阳人在种茶、制茶、售茶、品茶中形成了关注生态、注重环保、讲究传统的习惯。可以说正是这一片绿叶、一片绿海沉淀为信阳文化的底色。信阳人茶不离口，杯不离手，以茶会友，心怀坦荡，茶文化已经融入生活，无论走到哪里、做什么事业，都会以茶乡人的纯真本色和开阔胸怀做人做事。

目前，信阳已将招商引资扩展到与124个国家和地区建立了经贸关系，26家国内外500强企业投资信阳。信阳开放窗口和招商平台更加丰富、更有成效，信阳的吸引力、竞争力不断增强。推进中原经济区现代茶产业示范区、中部最大的茶叶产销集散地、中国最具影响力的茶文化休闲城市和生态经济先行区建设，信阳志在必得。

近年来，信阳开始大力推进茶旅融合、全域旅游等，茶文化体验游、茶生态休闲游、茶红色文化游、茶美丽乡村游，如雨后春笋般遍地开花。据统计，信阳的旅游业年产值每年增长20%左右，还有一定的发展潜力。在信阳毛尖这一全国知名品牌的引领下，更多的产业资源正源源不断地融入进来，就业空间得以大幅拓展，扶贫之路也越走越宽。

信阳毛尖茶专业的茶叶人才引进和培养是当前大环境下必备的基础，每个地方农副特产或茶叶品牌运作都离不开行业专家的指导和策划。茶如人性，平和清醇，宁静淡雅。

信阳毛尖茶本土的老专家如杨杭生、黄执优等，都在以自己毕生的经历努力改造推广信阳毛尖的加工制作工艺，精心指导茶区在种植加工制作方法上的改进创新，使其能在市场竞争中脱颖而出，并能和市场化运作的茶产业经纪人和茶产业龙头企业形成互动。

尤其是互联网金融OTO，正渐渐改变着传统的生活模式。支付一点通、微营销、线上线下销售、官方旗舰店、移动互联、全程质量追溯系统、人工智能科技等新型产品技术革命，是目前信阳毛尖茶产业持续发展的新路子。

　　信阳毛尖茶机械化加工是一个新的产能模式：①节省劳动力，减轻劳动强度；②提高了生产效率；③茶叶品质有保证。信阳毛尖茶的纯芽度采摘，季节过早采摘的茶品，虽然是标准化要求的规范，同时也是决定茶产业化链条能否持续发展的关键之一。

　　过度追求明前茶和纯芽茶的初衷，虽是市场经济推动下产物，间接的也阻碍了信阳毛尖茶产业发展，拉升了茶叶的

❦ 信阳毛尖茶杯泡展示

❦ 商城县长竹园油茶籽种植基地

❦ 商城县长竹园压榨茶籽油

价值，误导了消费者，带偏了信阳毛尖茶产业正确发展方向。再如，信阳毛尖茶当地的清汤茶、浑汤茶之争，信阳毛尖茶标准化制度，信阳毛尖茶假冒伪劣等，均不容忽视。

市场经济体制下，结合信阳毛尖茶其独特韵味，产茶地的划分及特点，信阳毛尖茶远古茶文化渊源，以及信阳毛尖茶冲泡文化等，使信阳毛尖茶文化的推广渠道得到拓宽。

传播茶文化对信阳毛尖茶来说至关重要。了解信阳毛尖茶的特性、由来、品饮，看似一个简单的步骤，其实从了解信阳毛尖茶到需求信阳毛尖茶是一个漫长的过程。

这是市场需要的东西，信阳毛尖茶在茶文化传播上是一个空档。尽管信阳地区的茶馆业发达，已高于整个河南的水平。

信阳本地人对信阳毛尖茶的热爱耳濡目染，要推向全省甚至全国范围还需要很艰难的路程。原因是信阳毛尖茶走出信阳在外地城市销售所面对的竞争力不言而喻。

尽管历届茶叶节涵盖了几乎信阳全体之力，其地域性、长距离，还有市场的乱象冲击，都有很长的路要走。

❅香港邵氏集团重庆星湖茶酒厂生产的邵氏信阳毛尖茶酒产品

❅乐购茶品出品的信阳红茶酒

三、信阳毛尖茶诗词

从古至今，文人墨客咏赞信阳毛尖、山水风光、风土人情的诗很多，无不贯注对茶的深情和挚爱。

龙泉寺是信阳的风景胜地，不少诗人词家均来过此地，明代诗人周继文作的《重游龙泉寺》真实地记载了龙泉市茶香景幽的情况，诗中写道：

宝地重临好避华，霏霏零雨暗烟霞。

余寒雏雉鸣深林，新水游鱼趁落花。

踪迹漫劳鱼义问，留连须费远公茶。

年来予念如灰灰，不信禅林不是家。

明代，祖籍信阳的王星璧在《龙潭冻瀑》中，咏叹了他在龙潭冻瀑前，用雪水煎茶的感受。

煮雪携茶具，冲风却酒帘。

尚应供自足，更合谢朱炎。

清代道光年间，举人张培金，历任湖南麻阳、桂阳等地的知县，祖居浉河西南的仙石畈，"三仙缸"是那里闻名的古迹。

他在《三仙缸》一诗中写到了在这里烹茶的情景：

两山之间夹平石，石山流泉水色碧。

连山三巧圆而坚，口大如瓮深百尺。

桃花红映仙缸春，第一烹茶味更醇。

可惜品题无陆羽，年年只好待游人。

清代张钺曾任信阳知州，他赞信阳山水的诗很多，有一首《雷沼喷云》尽情赞颂了这一天下美景：

鸿钧通窍处，雷沼在山巅。

薄霭初浮水，浓云已布天。

篆丝重叠吐，簇练立空悬。

敢作崇朝雨，满山溉茶园。

　　新中国成立后，亲历了信阳茶新生与繁荣的现代信阳人，也情不自禁地写下了大量的诗词作品，从各个角度和侧面尽情讴歌了信阳茶。

鹊桥仙·春满茶乡　李乾山

清风料峭，路遥山远，欣喜东君又到。

晨烟飞起多云飘，抬望眼，雪融梅俏。

小桥流水，启人心窍，忙了采茶姑嫂。

春潮袭地卷花朝，辘辘脆，余香袅袅。

戊寅品茗信阳毛尖　王澄

高朋入座清风至，几缕夕阳簏影斜。

竹馆初煎云涧水，清斋细品雀舌茶。

茶能醉我何须酒，墨亦香人足胜华。

丝管声声吟画壁，轻烟袅袅戏诗家。

戊寅与吟友谈茶论道　胡秋萍

丝竹绕梁耳畔萦，闲来端坐问茶经。

清香一缕参禅意，雅趣三分会友情。

心系诗园勤有句，窗含夕照静无声。

身居闹市寻幽处，云涧深深忘利名。

子安茶赞　李兴国

日丽风和访古丘，茶林披翠庆丰收。

千层碧浪浮香气，万顷琼枝泛绿油。

壁立岩峰生紫笋，水飞石涧涌清流。

子安独得山河秀，细品润心亦润喉。

青峰云雾茶　吴曾俊

青山叠叠复重重，到处峰峦馥郁同，

云绕碧枝香千里，银针雀舌沐春风。

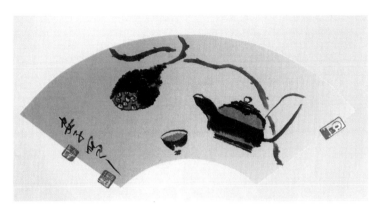

❧ 安子先生《一壶得真趣一画可生香》茶画

❧ 袁泉《茶水墨牧牛》茶画

❧ 齐白石先生赠毛主席《梅花茶具图》

❧ 翟宇辉先生书法《茶禅一味》

重上九华山　王天福

一年一度到茶山，不赏奇葩觅嫩尖。

袅袅青丝云岭暖，芸芸清气月光寒。

霞飞翠谷芝兰秀，雾绕青丛碧若烟。

花甲老翁招贵客，铭香四座饮犹甘。

茶乡即景　柴明成

茶乡品茗话桑麻，春暖清明乐万家。

红杏枝头抒芳秀，嫩黄翠柳萌新芽。

牧童放牧驱牛走，村妇采茶云雾崖。

心巧绘成山色美，映红两颊满天霞。

咏春　雷云霆

何来绿树一丛丛，栽遍青山碧岭中。

夜月笼烟浮瑞气，晴空映日起香风。

佳人拾翠春相问，良侣踏青心尽同。

借问陆君知得否，评茶应赞豫毛峰。

茶韵　雷云霆

嗜好无为为爱茶，年年梦魂绕山崖。

最思春季风摇绿，更恋雨前露润芽。

寒夜宴宾堪代酒，清晨催兴应观花。

须知片片皆辛苦，纤手双双血映霞。

小桃红·茶中情　耿洪恩

云中曲曲采茶歌，岭下声声和。

袅袅余音说难破，漾心波。

梦魂同付鹏程约，玉壶一把。

新芽盈握，情味自斟酌。

四、信阳茶文化节

信阳茶文化节是信阳人民的盛会，是信阳老区通过茶叶增收致富的支柱平台之一。

未来茶行业将会延续深度调整的态势，同时进一步挤压产业链各环节的生存空间和利润，直到部分落后的中小型生产厂家和流通企业被淘汰或被兼并。

信阳茶文化节需要实现规模相对集中、品牌相对集中、渠道相对集中这三点。将呈现出产品"多元化、时尚化、亲民化、精准化"等重要特征，更好地承担起行业社会责任，以信阳毛尖茶为平台，为广大客商服务。

1992年至今信阳茶文化节已连续举办了26届，茶叶展销、经贸洽谈、文化娱乐、体育比赛、生态旅游等丰富多彩的主题活动，让中外宾客了解信阳茶，爱上信阳茶，继而认识信阳，圆梦信阳，可以说收获的是一片丰功伟绩，也基本稳定了信阳毛尖茶的市场。

茶文化节的持续举办，是信阳久久为功，真抓实干的具体体现，不仅促进了信阳茶产业的快速发展，促进了名牌效应、品牌价值和经济效益的日渐增长，而且为信阳经济社会繁荣发展创造了机遇，增添了后劲。

但信阳茶文化节寻求新的突破是个难点，举办地的选择，轰动的效果，参与者的目标群，对信阳老区的帮扶带动等，都是至关重要的因素。

是否在省会郑州办会也曾经有过热议，理由阐述如下：

郑州是河南的省会，是中国八大综合交通枢纽之一，八个国家中心城市之一，七个自贸区之一，中原城市群的核心、国家跨境电商试验区、拥有全国唯一的航空港综合经济试验区。

优势一：

有权威茶行业组织：河南省茶叶协会、河南省蚕茶学会、河南省茶文化研究会、河南省茶叶商会；有权威行业新媒体：河南电视台、河南日报、大河报、河南商报、东方今报等强强联手共同主办，不仅专业方面无与伦比，而且能为参会厂商提供许多的宣传服务，并具备策划、组织、管理、服务展会的丰富经验。

优势二：

河南地处中原，郑州素有中部之中的美誉，自古就是兵家必争之地。河南省有1亿人口的消费群体，5 000多公里高速公路连接着全省各地市及周边7省2市，便捷的交通、仓储、物流以及市场潜力，辐射全国。

优势三：

信阳茶文化节是中华全国供销合作总社，河南省委、省政府，中国茶叶流通协会重点支持的茶叶展会。

特色服务：在展前、展中和展后对参展商品的美化包装，组委会对参展、宣传包装、广告推广、招商、活动、产品发布会与论坛等牵连的是全国各地的茶人茶商。

届时，信阳毛尖的独特魅力，通过"茶＋经贸""茶＋旅游""茶＋文化"的形式向世人展现风采。以"茶＋"的方式扩大办节外延，整合了信阳当地丰富的"红色""绿色"旅游资源，搭建商贸洽谈合作、旅游产品展示的高端平台，以推动茶旅、茶经济一体化发展。

在郑州举办，信阳同步互动，相信"一会两地"的模式将引领茶界新的盛会潮流。

❧ 2018年第26届信阳茶文化节开幕式

❧ 2018年第26届信阳茶文化节客商云集

五、信阳毛尖茶的传说

（一）口唇茶传说

据传，它开始种在鸡公山上，叫"口唇茶"。这种茶沏上开水后，在升起的雾气中会出现九个仙女，一个接一个飘飘飞去；品尝起来，满口清香，浑身舒畅，能够医治疾病。

这"口唇茶"原是九天仙女种，她们咋会来到人间种茶呢？这事还得从鸡公山谈起。

先前，鸡公山没有名字。有一年，山上害虫成灾，不知从哪里飞来一只神鸡，把害虫叼个一干二净，住了下来。

它天天报晓，啼叫一声，响遍天下，因此人们就给这座山起名鸡公山。各种害虫再不敢在这里逞凶了，从此鸡公山上草绿树旺，鸟语花香，成了人间仙境。

瑶池仙女们听说人间鸡公山胜过仙宫百花园，都想一饱眼福，便向王母娘娘提出请求。

王母娘娘也是个喜爱游山玩水之人，理解宫女们的心情，答应分批让她们下凡，一批限定三日。但有一条，一旦有人下去后产生邪念，与人婚配，除了惩罚本人，这轮流下凡之事立即停止。

仙女们都想下去看看，生怕轮不到头上，她们向王母娘娘保证严守法规。王母娘娘爱喝茶，对司管仙茶园的九仙女另眼看待，便让她们首批离开了瑶池。

九个仙女来到鸡公山，拜见鸡公大王后便住下了。

天上一日，人间一年，王母娘娘限他们三日就是人间三年。

众仙女把鸡公山怪石奇峰、山泉瀑布、名茶异草、春夏秋冬四时景色都看遍了，离回去时限还有两年呢。她们商量要办件好事，给鸡公山留下纪念。

办啥好事呢？为首大姐说："鸡公山应有尽有，哪儿都好，唯有一点不足。"众姐妹齐问："哪一点？"大姐说："没有我们仙茶园的茶。"众姐妹齐声惋惜。

这时，最小的九仙女献上一计。"我倒有个想法，咱九姐妹化作九只画眉鸟，回到咱那仙茶园里衔来茶籽，不就补上了这个不足嘛！不知众位姐妹愿不愿出这把力？"众仙女一听无不叫好。她们又问："衔来茶籽不难，交给谁种呢？"大姐手往山脚下一指，大家看见一片竹林里有几间茅屋，心里都明白了。

那间茅屋里住着一个年轻人叫吴大贵，是个读过书的人。

只因爹妈先后去世，剩他独自一人。他白天种地砍柴，晚上还要温习功课，准备科场应试。屋里墙上贴了张白纸，只见那上边写着"寂寞独有，清贫无双"，定是位清高善良人士。

这天夜里，吴大贵做了个梦，梦见一个仙女从鸡公山上下来对他说："鸡公山水足土肥，气候适宜种茶。从明天开始，有九只画眉鸟从仙茶园里给你衔来茶籽。你在门口一棵大竹子上系个篮子，把茶籽收下，开春种到坡上。到采茶炒茶时候，我和姐妹们来给你帮忙。"

吴大贵醒来心里好喜：哎呀，是我吴大贵勤奋读书感动了神仙啊！可种茶能给我带来多大好处呢？别急别急，有道是天机不可泄露，内中定有一番用意，叫种就种吧。

第二天一大早，吴大贵起床，半信半疑地拿个篮子，系到门口那棵大竹上。系好，他扭头要回屋，只见一只画眉鸟箭一般飞来，把嘴里衔的东西往篮子里一放，又飞走了。

吴大贵很惊奇，取下篮子一看，果然是一颗种子，虽没见过，他相信就是梦中所说的茶籽。接着，一只只画眉鸟穿梭般地飞来飞去。九只画眉鸟各衔来一颗种子后，稍停一会儿，又是一轮。如此衔了无数个来回，共衔来茶籽九千九百九十九颗。吴大贵很高兴，小心翼翼地把茶籽收藏起来。

一开春，吴大贵把九千九百九十九颗茶籽全种到山上。清明过后茶籽发芽，见风就长，很快长成了茶林。这时仙女又给吴大贵托梦，让他准备炒茶大锅。

吴大贵准备停当，来到茶林一看，又惊又喜。

只见九个仙女正在采茶，个个柳眉杏眼，面如桃花，不胖不瘦，不高不低。她们采茶不用手，而是用口唇，看那红艳艳小口唇一张一合，又轻又快，采下了一个个油嫩茶尖。前边刚采过，后边又长了出来。采了一会儿，九个仙女甩开衣袖，一边舞，一边唱起了茶歌。

只见她们一字一句地唱道："茶树本是仙宫栽，姐妹衔籽人间来。头采（莊）采完二采旺，早采是宝晚是柴。春茶苦来夏茶涩，秋茶好喝不能摘。细紧光直多白毫，又提精神又消灾。千家万户笑颜开！"

歌罢舞毕，为首大姐走到吴大贵跟前说："这位大哥，俺姐妹采不少啦。我给你烧火，咱去炒吧！"吴大贵笑着去了。他不知道咋炒。大姐到竹林砍一把竹子扎成扫帚，让他在锅里不停地搅动。吴大贵只觉得茶香扑鼻，快把他熏醉了。现在茶乡炒茶还是女烧火，男掌锅；采茶也是女边采边唱。据说这都是那时传下来的习惯。

就这样，她们采着炒着，一直忙到谷雨。仙女们走后，吴大贵沏上一杯新茶品尝。开水一倒，只见慢慢升起的雾气里出现九个仙女，一个接一个地飘飘飞去。吴大贵端起茶杯一尝，满口清香，浑身舒畅，精神焕发。这样的好茶，起个啥名呢？吴大贵想：茶籽是画眉鸟用嘴衔来，茶是仙女用口唇采，就叫"口唇茶"吧。

消息一传开，义阳知州听说了，马上派人来要茶，拿回去泡上一看，搭口一尝，拍案叫绝。当即定为贡品，要孝敬朝廷皇帝。

那时据说是大唐江山，当朝就是女皇武则天。

知州把口唇茶亲自送到朝里，又禀明了来历，武皇当时精神萎靡，正患肠胃疾病的她一杯口唇茶喝下去，病体痊愈，武皇大喜，对口唇茶大加赞赏。

唐时礼佛，武皇传下圣旨：一要在义阳州修千佛塔一座，感谢神灵；二规定口唇茶年年进到朝廷，民间不得饮用；三是赐吴大贵黄金千两，要他用心护理茶林；四是给义阳知州升官加俸。

吴大贵这一下子发大财，又是买田地，又是建宅院，成了鸡公山首富。地方上大小官吏谁敢小看？这一来他腰杆硬了，便欺邻害户，压榨百姓。吴大贵没成亲，不少喜欢攀高接贵的人都去说媒，快把门槛给踢折了。但不论是大家闺秀，还是名门千金，他一个也看不上眼。

因为和那九个仙女相比都差得太远了。

这时候，他再也读不进去书了，赶考之事早丢到脑后。吴大贵想：仙女们托梦叫我种茶，准是让我先发了财，然后再和我成亲。现在我金钱有了，只等明年采茶时，九个仙女一来，就都是我的啦。牛郎也不过配个织女，我吴大贵要独占九个仙女，这真是天意呀天意！

第二年清明前，吴大贵把九个新娘洞房和成亲一应事物早筹备好了。过了清明，他天天到茶林等候。茶叶该采那天，仙女们准时来。吴大贵上前打躬作揖道："九位姐妹，您劳神出力让我发财，我知道大家美意。今后这茶不劳姐妹们采了，我已雇了人，让他们干吧。诸位也该跟我享福。我把婚礼都准备好啦，咱们下山拜堂成亲吧。"九个仙女自从离开瑶池，哪敢忘了王母娘娘法规？不论哪个纵有思凡之意，为了不破坏姐妹们轮流下凡游玩的机会，也不愿意在这时候私配情郎。她们没想到一年前还在发奋读书的学子吴大贵，有了金钱便丧志贪色，变得这样快。姐妹们又羞又恼，转身去找鸡公大王了。

鸡公大王听完仙女们述说后勃然大怒："当年我到此山，就是为了消灭害虫，想不到又出一条！"鸡公大王翅膀一闪，飞下了山头。

它飞到吴大贵院子上空，振翅一扇，下面成了火海。鸡公大王又飞越茶林，伸出巨爪一扒，挖出三条深沟，九千九百九十九棵茶树毁掉了九千九百九十七棵。剩下两棵留个种子，据说现在还在鸡公山大茶沟深山悬崖边上生长着。

这时候，武则天敕建千佛塔上的千块神兽浮雕已由监工从陪都洛阳送到离鸡公山不远的车云山下。监工得知吴大贵死于火海，口唇茶茶林被毁，也不去鸡公山了，便把千块浮雕遗弃在车云山下，回京交旨去了。

说来也巧，义阳州先人们深山采药，无意间觅得口唇茶苗，便栽种在车云山上。生长得特别好，于是年年进贡，成了唐朝有名的"义阳土贡茶"。

后来，后人把这些遗弃的神兽浮雕组合起来，把千佛塔建在了车云山顶，现在还保存着。

"口唇茶"再也没有了，只留下这个故事，至今传为美谈。

（二）画眉鸟传说

相传在很久很久以前，信阳本没有茶，乡亲们在官府和地主老财欺压下，吃不饱，穿不暖。许多人得了一种叫"疲劳痧"的怪病，瘟病越来越凶，不少地方都死绝了村户。

一个叫春姑的姑娘看在眼里，急在心上。为了能给乡亲们治病，她四处奔走寻找能人义士。

一天，一位采药老人告诉春姑姑娘，往西南方向翻过九十九座大山，蹚过九十九条大江，便能找到一种消除疾病的千年茶树。这种宝树的叶子能彻底治愈乡亲们的病患。

春姑按照老人的要求爬过九十九座大山，蹚过九十九条大江，在路上走了九九八十一天，累得筋疲力尽，并且也染上了可怕瘟病，倒在一条小溪边。

这时，泉水中飘来一片树叶，求生的本能迫使春姑将树叶含在嘴里。马上神清目爽，浑身是劲，她顺着泉水向上寻找，果然找到了采药人告诉她的那颗生长救命树叶的千年茶树。

春姑将此行寻药的目的告诉了看管茶树的神农氏老人，神农氏摘下一颗金灿灿种子对春姑说："种子必须在10天之内种进泥土，否则会前功尽弃。"

想到10天之内赶不回去，也就不能抢救乡亲们，春姑难过得哭了，神农氏老人见此情景，拿出神鞭抽了两下，春姑变成了一只尖尖嘴巴、大大眼睛、浑身长满嫩黄色羽毛的画眉鸟。

小画眉很快飞回了家乡，将树籽种下，见到嫩绿树苗从泥土中探出头来，画眉高兴地笑了起来。

这时，她心血和力气已经耗尽，在茶树旁化成了一块似鸟非鸟的石头。不久茶树长大，山上也飞出了一群群小画眉，她们用尖尖嘴巴啄下一片片茶叶，放进得了瘟病人嘴里，病人便马上好了，从此以后，种植茶树的人越来越多，也就有了茶园和茶山。

信阳市罗山县白云寺附近的古茶树　　　　　　　　陈洪绶高士饮茶图

第八章

信阳毛尖 品牌培育

与管理

一、信阳毛尖公共品牌管理政策制度与法规细则解读

信阳毛尖是中国十大名茶之一，是信阳茶产业的公共品牌，2003年信阳市茶叶协会根据《中华人民共和国商标法》向国家工商总局商标局申请注册了信阳毛尖证明商标。

2003年7月22日由信阳市工商局、市农业局、市茶叶协会联合制定了《信阳毛尖证明商标使用管理规则》（信农〔2003〕38号）（以下简称"旧管理规则"）。

10多年来，随着信阳茶产业的不断发展壮大，经济社会形势发生了巨大变化，信阳市茶产业管理机构和产茶县区行政区域也都发生了变化。为进一步促进信阳毛尖茶的生产、经营和市场监管，不断提高信阳毛尖茶的产品质量、知名度、美誉度和市场竞争力，促进茶农增收，茶企增效，实现富民强市目标。经信阳市茶叶协会通过认真修改完善，于2015年1月15日印发了《信阳毛尖证明商标管理规则（试行）》（信茶协〔2015〕1号）（以下简称"新管理规则"）。

信阳市茶叶协会具有独立法人资格。是"信阳毛尖"证明商标的注册人，对该商标享有所有权和管理权。

新管理规则共分七章二十七条，主要内容包括第一章总则，第二章"信阳毛尖"证明商标的使用条件，第三章"信阳毛尖"证明商标的使用申请程序，第四章"信阳毛尖"证明商标被许可使用者的权利、义务，第五章"信阳毛尖"证明商标的管理，第六章"信阳毛尖"证明商标的保护，第七章附则。与旧管理规则相比，共增加了13条内容，修改了60多处。

申请使用"信阳毛尖"证明商标必须符合三项条件：一是产品生产范围为信阳市和固始县行政区域范围内，包括浉河区、平桥区、罗山县、光山县、新县、商城县、潢川县、息县、淮滨县及市管有关管理区、开发区和固始县。二是产品必须符合《地理标志产品 信阳毛尖茶》标准（GB/T 22737—2008）。三是产品在加工制造、包装储运等过程中的特殊要求，应符合《地理标志产品 信阳毛尖茶》标准（GB/T 22737—2008）。

　　新管理规则要求：市级及以上农业产业化重点茶产业龙头企业向信阳市茶叶协会递交《信阳毛尖证明商标使用申请书》；县级及以下茶企、茶商、茶农按属地原则，向所在县区茶叶主管部门（茶办）递交《信阳毛尖证明商标使用申请书》。

　　鸡公山管理区、南湾管理区、羊山新区所属企业向浉河区茶叶局申请，上天梯管理区、工业城所属企业向平桥区茶办申请，潢川开发区所属企业向潢川县茶办申请，淮滨、息县所属企业暂向本县农业部门申请；固始县向固始县特产局申请。

　　申请使用"信阳毛尖"证明商标的使用者应向信阳市茶叶协会或信阳市茶叶协会授权委托的县区主管部门（茶办）递交《信阳毛尖证明商标使用申请书》，并提交以下材料：①申请人应携带营业执照、税务登记证、法人身份证原件（验）、复印件（留存）。②其产品产地和数量的县、乡、村证明。③有资质的检测机构出具的产品质量检验检测报告证明。④委托书和办理人员身份证复印件。

　　信阳市茶叶协会或县区茶叶主管部门（茶办）自收到申请人提交的申请书后，在30天内完成审核工作，不收取任何费用。

　　申请人未获准使用"信阳毛尖"证明商标的，可以自收到审核意见通知15天内，向市茶办提出复议或向工商行政管理部门申诉，信阳市茶叶协会尊重市茶办和工商行政管理部门的裁定意见。

　　"信阳毛尖"证明商标使用许可合同有效期为3年，到期继续使用者，须在合同有效期届满前30天内重新申请，逾期不申请者，合同有效期届满后不得继续使用。

　　符合"信阳毛尖"证明商标使用条件的，应办理如下事项：①与信阳市茶叶协会签订《证明商标使用许可合同》。②信阳市茶叶协会颁发《证明商标准用证》。③申请人凭《证明商标准用证》办理"信阳毛尖"证明商标标识印制使用手续。

　　"信阳毛尖"证明商标被许可使用者的权利：①在其产品包装上印刷或粘贴该商标。②使用"信阳毛尖"证明商标进行产品广告宣传。③优先参加信阳市茶叶协会组织、主办或协办的技术培训、茶业博览会、贸易洽谈会、信息交流等茶事活动。④对证明商标的管理、使用、宣传、保护等进行监督。

"信阳毛尖"证明商标被许可使用者的义务：①维护"信阳毛尖"特有品质、质量，保证产品质量稳定。②注重"信阳毛尖"证明商标的宣传、保护，不断提高知名度、美誉度，树立良好的品牌形象。③接受信阳市茶叶协会定期和不定期对产品进行的抽查检验及商标使用的监督，支持质量检验和监督人员的工作。④"信阳毛尖"证明商标的使用者，应有专人负责该证明商标标识的管理、使用工作，确保"信阳毛尖"证明商标标识不失控、不挪用、不流失，不得向他人转让、出售、馈赠。

关于"信阳毛尖"证明商标的使用，采取印刷在外包装物上或粘贴证明商标防伪标识的办法管理，分县区、分企业建立台账，一用户一批号，做到产品可追溯，印制企业可追查。

信阳市茶叶协会是"信阳毛尖"证明商标的管理机构，负责《信阳毛尖证明商标使用管理规则》的制定和实施，协助工商行政管理部门调查处理侵权、假冒案件，对市场经营秩序进行管理；协助农业部门实施产品质量安全保证体系建设；协助质检部门严格执行产品质量标准，推行产品生产许可制度；协助食品药品监督部门加强食品安全监督管理。

信阳市茶叶协会与"信阳毛尖"证明商标被许可使用人签订的许可使用合同，送交信阳市工商行政管理局存查，并报送国家工商行政管理局商标局备案。

❧ 中国茶都——信阳标志

❧ 信阳毛尖受WTO原产地标记保护产品标识

❧ 信阳毛尖茶受WTO原产地标记保护产品标识

信阳市茶叶协会为保证"信阳毛尖"证明商标许可使用工作的科学性、严肃性、公正性、权威性，诚请各有关部门和社会团体进行监督。

在许可合同有效期内，如发生下列情况之一者，市茶叶协会将立即撤销许可使用权：①使用者发生质量安全事故，对"信阳毛尖"公用品牌造成损害。②产品不符合《地理标志产品 信阳毛尖茶》（GB/T 22737—2008）质量标准。③使

农产品地理标志

用者在生产经营过程中发生以假乱真、以次充好、欺骗消费者的情形。④使用者擅自转让、出售、馈赠"信阳毛尖"证明商标标识。⑤其他侵害"信阳毛尖"证明商标注册人信阳市茶叶协会权益行为的。

"信阳毛尖"证明商标的使用者如违反规则，取消使用者的证明商标使用资格，收回其《证明商标准用证》，终止与使用者的证明商标使用合同，并予以公示；必要时将请求工商行政管理机关调查处理，或寻求司法途径解决。

对未经信阳市茶叶协会许可，擅自在茶叶产品包装、宣传品上印制、使用该证明商标图案或近似商标的，信阳市茶叶协会将依照《中华人民共和国商标法》及有关法规和规章的规定，提请工商行政管理部门依法查处或向人民法院起诉；对情节严重，构成犯罪的，报请司法机关依法追究侵权者的刑事责任。

二、信阳毛尖原产地理标志使用

中国是世界茶叶生产和消费大国，申请并获得地理标志保护的茶叶品种有很多，但茶叶地理标志保护过程中却存在着商标和地理标志之间，茶农、经销商、企业和消费者之间等各方利益的冲突，导致我国茶业市场混乱，尤其是优质品牌茶叶发挥不了应有的效益。

信阳毛尖作为信阳的一张名片，2003年国家工商总局商标局正式批准"信阳毛尖"注册证明商标，信阳茶叶协会为该商标的注册人。

该商标明确规定"信阳毛尖"的生产范围为：东至固始县泉河流域，西至桐

柏山和大别山交界处，北到淮河沿线，南至大别山北坡的信阳市行政区域内，且需符合"信阳毛尖"品质特点和加工工艺。同年，信阳市农业局向国家质检总局申报了"信阳毛尖茶原产地标记"，并获得批准，这使得"信阳毛尖"茶获得了双重保护。

2004年，河南省发布实施《信阳毛尖茶DB41/T 336—2004》地方标准，标准规定"信阳毛尖"茶必须以采摘于信阳市行政区域茶园内新梢芽、叶为原料，并按照特定工艺加工，且具有特定的条形茶叶品质，这进一步对"信阳毛尖"的产地、工艺及品质做出了严格要求。

2009年，"信阳毛尖"茶获国家地理标志保护，进一步规范"信阳毛尖"茶的生产加工和销售，对维护"信阳毛尖"茶的声誉和消费者的权益，进一步提升"信阳毛尖"茶品质，带动地方经济发展起到积极作用。

（一）信阳毛尖地理标志保护模式

1. 加大宣传和执法力度，提高保护地理标志产品的意识　在获得证明商标、原产地标记和地理标志保护后，信阳市有关部门在产区大力宣传茶叶地理标志保护的知识，增强茶农保护"信阳毛尖"知识产权的意识，营造保护"信阳毛尖"地理标志产品的良好氛围。同时，政府对假冒"信阳毛尖"的生产和销售加大打击力度，确保该地理标志的正当合法使用。

2. 在原产地域范围内，严格实施地理标志产品质量认证制度　对于茶区内茶叶生产和加工的管理部门，以及地理标志产品质量认证部门，在明确划定的原产地域范围内，严格实施地理标志产品质量认证制度。严格规定只有原产地内达到既定标准的茶叶生产和加工企业才有权使用"信阳毛尖茶"原产地标记和地理标志，以确保原产地"信阳毛尖茶"的质量及其文化内涵。

3. 积极推进"标志＋公司＋农户"的管理模式　"信阳毛尖"是使用在茶叶商品上的标志，在获得商标注册、原产地标记和地理标志后，信阳市茶叶协会对"信阳毛尖"茶的质量和生产技术进行科学规范化管理，积极推进"标志＋公司＋农户"的管理模式，使"信阳毛尖"茶的市场知名度日益提高，成为信阳市的一大支柱产业。

（二）信阳毛尖地理标志保护的效益

实施地理标志保护后的2010年，"信阳毛尖"干茶产量达40 000吨，产值达60亿元以上，是实施地理标志保护前2000年的2.9倍，经济效益极其显著。

为了适应市场经济需要，信阳市政府组织国内有关专家，经严格论证，将同纬度、同工艺、同质量、同地区生产的茶叶统称为"信阳毛尖"。现有茶农95万人，茶业从业人员超过100万人，种茶人均收入超5 500元／年。

郭滨摄影掌上信阳

在信阳市浉河区的茶叶生产专业村，种茶收入占农民收入的90%以上。茶叶已成为信阳山区农民的重要收入来源，是富民强市的重要支柱产业。可以看出，随着地理标志制度的进一步完善和保护措施的稳定执行，"信阳毛尖"这一世界品牌将会给信阳毛尖茶的产量和产值带来越来越显著的社会和经济效益。

三、代表性茶企概况

（一）文新茶叶有限责任公司

信阳市文新茶叶有限责任公司成立于1992年，是一家集茶叶种植、加工、销售、科研、茶文化于一体的国家级农业产业化重点龙头企业，公司现有职工1800余人，是信阳率先成立党、团、工会组织的民营企业，先后获得"市级文明单位""河南省工人先锋号""国家青年文明号"等称号，是中国茶叶行业百强企业。

公司坐落于素有"北国江南，江南北国"之称的魅力茶乡信阳，兴建有文新茶文化示范园区和文新科技示范园区，主导产品信阳毛尖、信阳红茶。企业先后通过省级企业技术中心、国家级工程实验室的认定，是河南省首批试点的产业集群示范之一。公司在省会郑州、北京、武汉、广州等地分别成立了分公司，现有直营专卖店169家，加盟经销商318家，并在淘宝天猫网、京东商城、一号店、苏宁易购等大型电商平台建有网络旗舰店，形成了立足中原，布局全国重要大中城市和线上线下一体化强大的营销网络。

公司一直坚持"做茶专业，作业专注"，采取"公司＋基地＋合作社＋农户"的产业化经营模式，以"复兴名茶，回报社会"为使命，通过二十多年的努力，文新品牌知名度和市场占有率实现了跨越式发展，先后通过了绿色食品认证、有机茶认证、ISO 9001国际质量管理体系认证和HACCP认证，文新品牌也先后荣获"河南名牌""中国名牌农产品""中国驰名商标"等称号，2013年，文新茶叶受河南省人民政府的隆重表彰，获得"河南省省长质量奖"称号，成为省内唯一获此殊荣的茶叶企业。

在经济新常态的大背景下，文新茶叶公司将进一步整合内外优势资源，通过重点布局、完善网络、加强基地核心园区建设，全力推进"一万亩标准化示范茶园""一万亩茶文化生态观光茶园""一万亩生态有机茶园"的"三园建设"项目，大力实施"文新茶文化科技示范园区"二期项目的建设升级，园区将强化硬件设施、电子商务、质量安全溯源平台的建设，实现冷链系统集成物流，打造全程质量保障系统，提高规模化运营效率。展望未来，文新人将继续坚持为每一位消费者提供健康、绿色、放心、好而不贵的一杯好茶而继续努力，为实现"国人好茶梦、茶农幸福梦、文新家人梦、名茶复兴梦"的文新梦而全速进发！

文新信阳毛尖"信"字款茶品

文新信阳毛尖"玉环"茶品

文新信阳毛尖"观道"茶品

文新信阳毛尖杯泡展示

（二）河南蓝天茶业有限公司

河南蓝天茶业有限公司于2003年在信阳光山创立，是一家以"信阳毛尖、蒸青绿茶、信阳红茶、白茶"生产为主的全茶类大型综合性企业。公司注册资金1亿元，资产2.5亿元。

蓝天茶业以高起点、高标准、高要求为发展目标，投资建设茶园2.7万亩，拥有净居寺清代百年茶园、王母观野生茶园、董坡寨有机茶园等七大茶园，引进国际先进的炒青绿茶、蒸青绿茶、信阳红茶、白茶等多条生产线，年干茶生产加工能力可达150万千克。

公司在茶业生产加工过程中，严把质量关，从茶园到茶杯层层检测，各个环节精益求精，确保产品质量安全可控。公司产品在茶行业多项评比中大放异彩，先后荣获"国际名茶评比金奖""茶王""百年世博中国名茶金骆驼奖"等荣誉，为信阳茶产业发展和经济增长作出了突出贡献，在茶业界享有很高的知名度与美誉度，是信阳毛尖茶代表性生产企业、河南省农业产业化重点龙头企业、高新技术企业、中国百强茶企。

蓝天茶业一直致力于茶产品的研发与推广，坚持以科技带动创新，以品质促进发展。企业产品以"信阳毛尖、蒸青绿茶、信阳红茶、31度老白茶"为主，汇聚了绿茶、红茶、青茶、黑茶、黄茶、白茶6大茶类；同时，申请相关专利19个。目前，公司产业链已全面通过ISO 9001质量管理体系认证、ISO 22000食品安全质量体系认证、中绿华夏有机茶认证、生态原产地产品保护认证。

1. 带农增收 2003年，蓝天茶业以国家退耕还林政策为依托，投资5 000多万元在晏河、文殊、净居寺名胜管理、南向店4个乡区、26个行政村，采取"公司＋农户"的模式，实行统一供苗、管理、指导、采购的管理模式，吸引广大农民积极参与茶叶种植，在3年多的时间里，由过去不足3 000亩的零散茶园，迅速发展为2.7万亩生态茶叶生产基地。从茶园的开挖、整理、栽苗、施肥、修剪、除草等均使用周边的茶农进行劳作，带动附近约3万人持续劳动就业，仅此一项就为茶农增收3 000万元。

蓝天茶业还投资建设了大规模的茶叶加工厂，引进了日本的茶叶生产线，拥有炒青绿茶、蒸青绿茶、红茶、白茶等多条生产线，可年产绿茶20万千克、红茶5万千克、白茶2万千克、其他茶类1万多千克，并以高于市场价的价格对农民采摘的茶叶进行收购，每年可收购农户鲜叶140万千克，可为茶农每年增收3 500万元。在茶叶生产季节直接吸收本地临时用工100余人，总计为农户增收300余万元。

在带动周边茶农普遍劳动就业的同时，公司积极承担起社会责任，扛起"产业扶贫"大旗，有针对性地一对一帮扶"建案立卡"贫困户34户，带动农户每人每年增收5 000元以上。

2. 保障产品质量安全　在生产加工环节，实行标准化统一管理、统一技术指导、统一病虫害防治、统一鲜叶采摘、统一质量标准，利用生物学、物理学技术，使茶叶的鲜叶质量和产量都得到了提升。规范生产流程、提高生产效率、严控过程检验、改进生产工艺，扬长避短打造具市场竞争力的产品优势。加强产品生产现场管理控制，力求产品质量精益求精；加强工艺标准执行巡检监管，确保产品质量符合标准；加强每日生产效果审评检验，反馈意见指导生产改良。加强关键环节技术专业力量，支撑技术管理水平提升；组织汇总讨论生产质量变动信息，分析质量差异原因、制订改进方案措施；创新、完善生产技术、工艺方法，提高产品产成率、合格率，降低生产成本。

在质量检验环节，培养全员质量意识，鼓励全员反馈意见信息，指导工艺改进、品质提升；建立质量管理标准，完善质量检验、评价制度，实行品质责任制考核、评价各环节绩效，应用于生产绩效奖励考核；建立检验规程、标准，严格各环节检验和出厂检验，杜绝不合格品向下一环节流动，确保产品精选、质量合格、品质优异；稽查生产各环节的规范作业，主动了解市场反馈意见，改善质量管理标准，改进优化执行标准，提高产品品质。蓝天茗茶坚持"生态好　茶才好"的品牌理念，视产品如生命，每一片茶叶都来自核心产地，从根本上保证了茶叶的品质和可追溯性。从茶园到茶杯，对茶叶全流程的检测为质量安全保驾护航。同时，蓝天茗茶特聘国内知名专家为蓝天茶叶质量进行严格把关，确保每一款茶叶都安全健康。

3. 保障员工健康和福利　员工福利待遇是公司在岗位工资和奖金等劳动报酬之外给予员工的报酬，是公司薪酬体系的重要组成部分。按照国家政策和规定，公司为企业员工缴纳五险一金，按时发放职工工资，并在员工因公外出时，公司提供必要的差旅费用与通讯费用。年底公司根据员工工作业绩，向员工发放适量奖金及奖励。当冬闲时，公司会给予员工适当的假期以补偿农忙时的应休假期。同时，为了保障员工的身体健康，增强企业凝聚力，充分体现公司对员工的关爱及以人为本的企业文化，公司每年都会为员工进行一次身体健康检查。

4. 注重环境保护　河南蓝天茶业有限公司在推进农业产业化过程中，注意整体生态环境的保护和治理，从项目建设总体规划入手，合理布局产业配套，注重生态效益和环境保护，促进生态农业的良性循环。

（1）茶园开挖建设，综合开发利用荒山荒坡，构建茶园梯带的形式，较好的实现了水土的保持；对低产田推行退耕还林，通过稻改茶的种植模式推行，不仅合理利用土地资源，提高了土地生产效率和经济效益，更是增加植被、再造秀美环境，实现了环境的保护、生态的优化、人与自然和谐共进。

（2）茶园生态管理，高标准兴建无公害茶园，科学应用生态农业的管理理念和农业环境保护措施；严格按照生态茶园技术标准进行茶园修剪、施肥、病虫害防治和机械采摘等管理，通过提高单产和鲜叶资源利用率的方式，显著减少了农

❤ 蓝天茶业百年毛尖茶品

❤ 蓝天茶业禅心信阳毛尖茶品

🍃蓝天茶业东方冠信阳红茶品

🍃蓝天茶业光州上信阳毛尖茶品

🍃蓝天茶业淮南论道信阳毛尖茶品

🍃蓝天茶业净居白茶茶品

🍃蓝天茶业天缘信阳红茶品

🍃蓝天茶业一品天下信阳红茶品

🍃蓝天茶业王母观野生毛尖茶品

🍃蓝天玉叶信阳毛尖茶品

❧ 蓝天茶业一品天下信阳毛尖茶品

❧ 蓝天茶业全家福茶油套装

❧ 蓝天茶业女人如茶白茶品

❧ 蓝天茶业全家福油茶籽油套装

❧ 蓝天茶业男人如茶白茶品

❧ 蓝天茶业31°老白茶品

业投入和土地占用；集中发展连片茶园，种植防风隔离带，茶园栽植遮阴林木，修筑灌排水沟渠；茶园修剪的枯枝落叶还田积肥，很好的保持了地力；采取农业防治和物理防治相结合等手段综合防治病虫草害，推行园间养鸡防虫、养鹅防草等循环生态农业技术手段；施用有机肥料、避免化学农药使用，极大的减少了水土污染，促进了农业生态的可持续发展。

（3）茶叶生产加工，依靠科技进步，大幅提高机械化应用水平和自动化清洁生产水平；不断改进生产技术，实行规模化生产，显著提升了生产效率和出产率、节能减排、提质增效；带动周边茶叶企业应用液化气的清洁能源，改善能源利用效率，改变了烧柴烧煤的烟熏火燎，既节约了能源，又保护了环境。

5. 履行慈善事业 河南蓝天茶业有限公司遵循工业反哺农业的战略思想，始终以"做良心产品，创造社会价值企业"为经营宗旨，积极响应国家号召，参与扶贫攻坚、赞助农民运动会、汶川地震捐款、捐资助教等。2002年筹资30多万元，为光山县李湾村小学建成了两层教学楼；2003年又捐助30万元兴建光山县晏河村希望小学；2005年捐助50万元改善光山县文殊乡中学办学条件；2007年，集团公司在上蔡县文楼捐资50万元建设一座年产200万袋食用菌的菌种厂，每年可为该村增加收入100多万元；2016年8月，集团先后在西平县贫困村桂白村捐助30万元，资助当地基础设施建设；2017年向光山县人民政府捐赠1 000万元，用于光山的脱贫扶贫工作；2019年向驻马店红十字协会捐赠200万元，用于抗疫防疫工作。极大的承担了企业应有的社会责任。

（三）仰天雪绿茶叶有限公司

"一品仰天雪绿，茶香五岳神州。"这句在茶圈儿人尽皆知的广告语，便是高洁、高雅的固始仰天雪绿茶。山谷高深，仰面朝天，冰雪未融，茶芽萌发，"仰天雪绿"就因此而得名。河南仰天雪绿茶叶有限公司，拥有茶园面积5 500亩，现年产干茶100吨；公司下辖仰天洼茶场、七岭茶场、朱家寨茶场、火岭沟茶场、祖师庙乡林场、仰天雪绿度假村、固始县城关仰天雪绿茶楼、信阳市仰天雪绿茶文化休闲会馆等十余个实体。

仰天雪绿茶独特的传统加工工艺和现代制茶技术的结合，高、中、低温兼用并施，经过摊青、杀青、做形、干燥等一系列工序，造就了仰天雪绿茶：外形紧结，平伏略扁，锋苗挺秀，翠绿显毫；汤色嫩绿微黄，清澈明亮，兰花香型，清香持久，滋味鲜醇甘厚的优秀品质。

仰天雪绿茶叶有限公司历年来殊荣颇多：2000年通过中国农业科学院茶叶研究所原料生产、加工、销售三方有机认证；2003年获得茶叶进出口企业资格证书；2004年通过ISO 9001国际质量体系认证；2005年荣获"河南省名牌农产品"称号；2007年荣获世界绿茶大会（日本）绿茶评比"金奖"；2008—2017年，荣获"中国茶叶行业百强企业"；2012年荣获"2012年度中国茶业电子商务十强企业"；2013年"仰天雪绿"牌被评为中国驰名商标；2014年荣获第十届国际名茶评比"特别金奖"；2015年荣获"国家生态原产地保护产品"称号；2018年荣获"河南省电子商务示范企业"；2019年荣获"河南老字号"殊荣；2019年荣获"农业产业化国家重点龙头企业"称号。

❥ 仰天雪绿信阳毛尖雪韵茶品

❥ 仰天雪绿信阳毛尖绿幽茶品

❥ 仰天雪绿信阳毛尖仰成茶品

❥ 仰天雪绿信阳红天蕴茶品

天雪绿特制信阳毛尖茶品　　　　　❤仰天雪绿信阳毛尖茶品　　　　　❤仰天雪绿信阳毛尖精选茶

　　仰天雪绿茶叶有限公司积极响应政府"互联网＋农业"号召，分析市场细化产品，在传统绿茶的制作基础上，进行企业内部的产业结构调整，与时俱进发展绿碎茶产业，进行有机绿茶的深加工、出口，正价茶叶生产多元化，及企业产品丰富化。

❤仰天雪绿茶场俯瞰全景

　　公司在天猫、京东开设品牌官方旗舰店，通过电商扶贫助力固始乡村振兴，对地方茶产业扶贫带动、捐助公益事业、助学等累计上千万元。仰天雪绿茶叶有限公司正积极响应政府的号召，通过"公司＋专业合作社＋基地＋农户"的产业化格局，促进乡村经济的发展，谱写构建和谐社会的新篇章。

❤仰天雪绿茶叶迎宾门景观

（四）德茗茶叶有限公司

信阳市德茗茶叶有限公司成立于2005年，位于信阳毛尖主产区浉河港镇。公司下辖德茗茶庄园、黑龙潭生态茶园基地、浉河区联农茶叶专业合作社、德茗茶叶信阳分公司四大实体，是一家集茶叶种植、加工、生产、销售、茶文化传播、茶旅休闲于一体的实业公司。

德茗茶叶是：河南省著名商标、河南省农业标准化种植示范基地、信阳市农业产业化重点龙头企业、河南省非物质文化遗产信阳毛尖手工采制技艺传承基地。德茗品牌先后荣获：2015年全国百佳合作社百个农产品品牌、2018年中国特色旅游商品大赛金奖、2018年河南省旅游扶贫示范户、2018年河南省四星级复合型乡村旅游经营单位。

为顺应经济新常态，创新农业新思路，促进农业可持续发展和农民持续增收，发挥企业扶贫带动作用，德茗公司借助国家扶持政策和当地资源优势的转化，建设德茗茶文化产业园，极大地推动产业发展、促进茶产业增效、农民增收。推进乡村振兴建设，实现信阳毛尖茶经济效益、社会效益、生态效益有机统一。德茗茶产业园占地300亩，总投资1.5亿元，通过建立生态茶叶种植园、绿色茶叶加工园、茶旅游休闲园、德茗茶文化园、O2O电商体验、有机果蔬种植园六大园区产业项目，改善了茶区农村生产生活条件，促进了农业产业结构调整，带动浉河港镇茶叶种植贫困户脱贫致富。

德茗茶产业建设提升了对信阳茶的宣传力度和广度，拓宽了销售渠道，拉长了茶产业链条，助推了乡村振兴建设，丰富了信阳茶文化内涵，有力推进了信阳茶文化旅游的发展，实现茶农增收、企业增效、政府增彩，具有良好的社会效益、生态效益和经济效益。

德茗是一家有责任担当的企业，成立以来，一直根植于"三农"的热土之中，与"三农"发展同行，不忘党恩，不忘民恩，扎实回报社会，在茶产业扶贫的道路上，连续4年金融帮扶浉河港镇204户建档立卡贫困户，截至2021年累计帮扶资金244.8万元，实现贫困户脱贫目标，是信阳市浉河区茶产业精准扶贫的典范。

　　德茗茶叶一直秉承"坚持以诚信赢天下、以合作求发展、以务实为基础、以创新做引领"的经营理念，不断推进信阳毛尖茶产业新的进步，为推动地方经济发展做出更大贡献。

❦ 德茗茶庄园

❦ 德茗信阳毛尖茶品

❦ 德茗信阳红茶品

❦ 德茗信阳毛尖茶品

❥ 德茗茶叶总经理邱德军展示
信阳毛尖拉烘（烘焙）工艺

❥ 德茗茶叶总经理邱德军检验
信阳毛尖鲜叶品级

❥ 德茗茶叶总经理邱德军在茶园接受 CCTV 电视台采访

（五）老寨山生态茶业有限公司

　　罗山县老寨山生态茶业有限公司，位于董寨国家鸟类保护区和灵山寺风景区北峰深山区，是在原老寨林（茶）场的基础上于 2009 年正式成立。

　　老寨山茶是集信阳毛尖茶叶种植、生产、加工、销售和茶文化研究为一体的市级农业产业化龙头企业，也是三代传承的制茶世家。坚持五十年只做传统手工工艺好喝的高山信阳毛尖茶生产企业。

　　老寨山茶现拥有生态茶园基地 2 000 余亩，生态环境优美，云雾缭绕、山川秀美、气候怡人，茶叶品质独特，是备受青睐的茶中珍品。老寨山几代茶人都非常注重手工制茶传承，并不断总结经验教训，将老寨山爱茶、学茶、做茶的氛围推向了高潮，是信阳茶界一面独特的旗帜。本着求真务实，开拓进取的理念，立足自然优势资源，着力生态茶园建设，倡导茶与自然、茶与人文的和谐统一，致力于天然健康的茶叶饮品。

老寨山信阳毛尖连续多年获得省市级茶叶奖牌，在2019"华茗杯"全国绿茶评比中获得特别金奖，以95.78分的总成绩赢得了当年全国绿茶类最高分。

老寨山茶始终坚守着创始人李成余的愿望：保持好茶园的良好生态，在科技无法更好的取代人工之前，坚持传统工艺制作，以匠心做好茶。无论产品多么供不应求，也不能以次充好、以假乱真。并将这种理念不断的传承下去，开创老寨山茶产业的美好前景。

罗山县老寨山生态茶园

老寨山信阳毛尖手工制作技艺

罗山县老寨山生态茶业公司办公厂区

第九章

信阳毛尖茶产业与地方经济发展

一、信阳毛尖茶产业组织与经营体系

素有"北国江南，江南北国"之美誉的河南信阳，是中国最显著的南北分界线的标志地。信阳的美誉来自它的生态、更得益于信阳绿茶的茶香和嫩绿，而显得更加生机盎然。

从1992年第一届信阳茶叶节举行，到第26届国际茶文化节暨2018中国（信阳）国际茶文化节的开幕；从信阳毛尖成为地标产品，到区域公用品牌价值达59.91亿元；从淮南茶信阳第一，到红茶绿茶"比翼双飞"。信阳毛尖茶产业做大做强的同时，茶文化建设对产业发展的推力也在逐渐彰显之中。

政府联手促品牌质量提升，在政府的强力推动下，1992年以来，信阳以毛尖茶为载体，连续成功举办了26届信阳茶文化节。截至2017年，信阳茶园面积达到210万亩，茶叶总产量超6万吨，总产值达105亿元。信阳现有中国驰名商标8个，茶企1 000多家，其中国家级农业产业化龙头企业2家，茶业省级龙头企业16家，中国茶行业百强企业9家。

茶产业的发展和壮大得到了信阳市各级党委政府的高度重视。为了更有效地规范信阳毛尖的生产经营秩序，扶持这一支柱产业的发展。信阳市茶产业办、信阳市农业局、信阳市供销合作社、信阳市茶叶协会等直管机构，尤其是信阳市质监局，给予了"标准助力"。

2003年10月，在信阳市质监局的努力下，信阳毛尖茶地理标志保护产品正式获批，国家标准《地理标志产品——信阳毛尖茶》开始实施。

2011年11月7日，《信阳红茶初制加工技术规程》和《信阳毛尖茶清洁化生产技术规程》等两项省级地方标准在郑州通过专家审定。

信阳市质监局先后举办培训班，组织"迎茶节送标准下乡"活动，在茶文化节现场，免费向茶叶生产企业和茶农发放《信阳毛尖茶标准化技术手册》，积极宣传。

这一个国家标准和两项省级地方标准的发布实施，对于发挥品牌优势，增强产品市场竞争力，做大做强茶产业，产生了重要影响。

信阳市质监局还积极支持浉河区政府、浉河区质监分局、五云茶叶集团、平桥区质监分局、罗山县质监局等有关单位，申报创建信阳毛尖示范区，先后创建信阳毛尖茶国家级农业标准化示范区3个，省级农业标准化示范区4个。

一直以来，信阳质监局严格实施食品生产许可制度，把好食品安全准入关。主动服务企业，积极帮助企业进行生产场所改造和人员培训，争取让企业尽快达到市场准入的门槛，获得QS认证。

近年来，信阳市质监局共帮促52家茶叶生产加工企业取得茶叶食品生产许可证。不仅如此，质监系统还成立了服务企业领导小组及办公室，组成5个专业服务组，开展一站式办公，一条龙服务。此外，信阳市质监局充分利用河南省茶叶产品质量监督检验中心建在市局检测中心的有利条件，发挥这一技术平台作用，把好信阳茶叶的质量安全关。加大省茶检中心的资金、设备投入，加强人才队伍建设。省茶检中心有各类专业技术人员20名，其中国家级品茶师4名，国家级注册食品审查员4名；拥有气相色谱、液相色谱、离子色谱、原子吸收等仪器100余台套。2011年，省茶检中心经省质监局监督评审，通过授权检验产品42个，通过授权检验参数19个，可开展农残、重金属残留、微生物、稀土元素、感官等项目的检测。为提升信阳茶叶质量安全水平提供了有力的技术支持。

2012年全市茶叶产量达5.2万吨，总产值达77.2亿元。百万资产的茶农（大户）470多户，茶农近100万人，从业人员达120万人。2012年，茶农因种茶人均收入超过4 000元。茶产业已成为信阳发展特色农业经济和农民致富的支柱产业。

2010年中国农产品（茶叶）区域公用品牌价值评估课题组对全国113个茶叶区域品牌价值进行了评估，首次发布了全国83个茶叶区域公用品牌的价值，茶叶品牌价值前三名：西湖龙井、安溪铁观音、信阳毛尖。

2011年中国茶叶区域公用品牌价值总量达810亿元，平均品牌价值8.62亿元，其中信阳毛尖45.71亿元位居第三。

2016年中国茶叶区域公用品牌价值评估结果发布会在浙江召开，浙江大学中国农村发展研究院公布了品牌价值十强结果，信阳毛尖位列第二，价值57.33亿元，成为最具品牌经营力的三大品牌之一。

2017年（杭州）中国茶叶大会：中国茶叶区域公用品牌价值评估出炉，信阳毛尖以59.91亿元位居品牌价值排行榜第二名。

从以上的战绩中，不难发现，信阳毛尖的价值越来越大，这是所有信阳人的荣誉，更是所有信阳毛尖从业人员的荣誉，所以我们应该齐心协力把信阳毛尖品牌做得更好。

信阳毛尖，作为绿茶的一种，蕴含非常丰富的茶多酚、茶氨酸，除了有保健功效，对于信阳人民脱贫致富也有非常重要的意义。

2020年，信阳有120多万茶农人均种茶收入超过5 500元。这是非常可观的

张博凡（6岁）少儿茶艺表演　　　　　信阳桑葚成熟季节游人如织

波尔多森林公园红豆杉

信阳南湾湖开渔节

数字，说明茶产业具有巨大的带动效应，打赢脱贫攻坚这场战役，更需要发挥优势，扬长避短。这就需要我们不仅仅在喝茶上下功夫，更要在"六茶共舞"和"三产融合"上下功夫。

茶不仅能喝，还能饮、能吃、能用、能玩、能事，此所谓六茶共舞。饮茶可把茶加工成功能性饮料；吃茶就是要发展茶食品、茶保健品等；用茶就是把茶加工成工艺品、装饰品；玩茶就是要把茶与旅游相结合；事茶就是举办茶文化节、茶博览会等宣传茶文化的活动。

"三产交融"不是一、二、三产的简单撮合，而是你中有我，我中有你的大融合，"六茶共舞"就是一种非常有效地融合过程。

二、信阳毛尖的流通与贸易

（一）河南茶叶产业出口贸易存在的问题

1. 出口数量少、货值低　多年来，河南茶流通体系不健全，经营和交易方式落后，出口依赖浙江等省转口，这使得河南茶产业在出口数量和货值上不仅难以与安徽、福建等产茶大省抗衡，也落后于江西、湖北等省份。

根据商务部对外贸易司公布的数据，2014年1—5月，河南茶叶出口的数量在全国排名第11位，出口货值在全国排名第12位。

2. 品牌创建力度不足　众所周知，信阳毛尖作为河南信阳当地的著名土特产，和西湖龙井一样，是一个地理标志，是证明商标。

由于地理商标不是某个机构或者个人刻意宣传的结果，而是由于地理条件和历史原因形成的，所以没有明确的权利主体。大量经营者共用一个品牌，使得大家都缺乏维护商标声誉的积极性，以致很多低质劣质甚至假冒产品出现，严重影响信阳毛尖的声誉。

目前，信阳毛尖的知名度与影响力基本局限在河南，在外省乃至国外很难见到信阳毛尖的影子。品牌创建力度不足成为制约河南茶叶出口贸易的一个重要障碍。

3. 绿色贸易壁垒的压力　近年来，随着全民食品安全意识的提高，茶叶质量安全受到广泛关注，欧美日等发达国家不断提高茶叶检测标准。

2008年8月1日起，欧盟将对残留在茶叶中的农药硫丹限量从30毫克／千克调整为0.01毫克／千克，把检测标准提高了3 000倍。

同年9月1日，对出口到欧盟的茶叶检验由原来的100多项增加到200多项。

2011年10月1日起，欧盟对我国出口茶叶采取新进境口岸检验措施。

2012年12月20日，欧盟发布法规（2012/1235/EU），调整来自非欧盟国家进口非动物源食品与饲料进境抽查比例，其中涉及我国的茶叶。

日本于2009年5月实施的新《食品卫生法》将设限农药残留由83种增加到约144种。2013年2月20日起，日本实施新的食品、添加剂等规格标准，对杀虫剂三唑磷的限量由发布前的0.05毫克／千克修订为0.01毫克／千克，除草剂苄嘧磺隆的限量由发布前0.02毫克／千克修订为0.01毫克／千克。

愈发严苛的检测标准，使得河南出口茶叶被检出不合格率风险大大提高，出口压力倍增。

（二）河南茶叶出口贸易对策

1. 加强市场流通体系建设，拓宽出口渠道　河南茶叶出口，要坚持巩固欧洲，开发日本、非洲和北美洲市场的原则，积极完善市场流通体系。

一方面要利用多方力量推动出口经营权的生产企业转型，从目前在国际市场影响有限向跨国集团迈进。政府、企业和行业组织应形成合力，共同推动大型茶企加快转型升级步伐，延长产业链，最终成为具有影响力的跨国集团。

另一方面要进一步促进茶叶外贸企业发展，支持茶叶外贸企业兼并重组，做大做强，尽快形成若干家有较强竞争力的大型茶叶外贸企业和企业集团。

鼓励茶叶外贸企业发展在线外贸等现代外贸方式，不断降低企业经营成本和销售价格，扩大外贸额。

鼓励茶叶外贸企业开拓新兴市场，对茶叶外贸企业面向非洲、北美等新兴市场的拓展，以及取得质量管理体系认证、环境管理体系认证和产品认证等国际认证项目予以优先支持。

2. 加大产品宣传力度，创建国际知名品牌　政府应加大政策扶持力度，支持茶企赴境外参展，宣传河南茶叶品牌。

对企业当年参加重点境外展览会的前若干个标准展位的展位费给予全额或一定比例的补助，将企业参加由省外经贸厅组织举办的境外大型综合展览会发生的运输展品的海运费纳入补助范围，并适当提高对单个企业的年度补助限额。

茶叶企业则应在包装、茶产品加工、茶保健品等领域进行创新，从精神、文化和情感上充分挖掘茶文化的内涵。

要结合中国传统茶文化及河南茶文化，再融入国外文化理念，创新出合适且有效的河南茶文化国外特色宣传，通过茶叶保健功能的宣传来扩大欧美国家的销路。

还应该大力宣传河南茶叶的优质、无污染和保健效果，树立河南茶叶的良好国际形象，搞活茶经济、推动茶文化，以茶文化来推动茶消费，提高河南茶叶国内外知名度，创立国际知名品牌。

3. 引用国际先进质量标准，进行绿色生产　相对于欧盟、日本等目标市场对农产品进口的高标准，我国的茶叶生产和检测标准还存在一定的差距。

因此，河南茶叶要扩大出口，必须引用国际先进质量标准，狠抓茶叶生产质量要求，从而达到国际市场规定的质量要求。

河南政府要全面建立茶叶质量可追溯体系，研发替代农药，建立出口茶生产基地；制定茶叶出口统一标准，规范企业经营活动，保证行业健康发展。

河南茶企则应视绿色为发展的生命线，对所收购、流转、合作的茶园进行无公害改造：翻土，施菜籽饼做成的有机肥，喷洒生物农药，严格控制农药残留。

把制茶车间建成与生产药品差不多的极净车间，员工要戴头套、穿专用洁净服、套鞋套，风淋系统吹干净后，方能进入。

茶企还要带领茶农致富，让茶农从内心认同高标准种茶，这样才能实现高标准的质量管控。

❥ 河南省茶叶商会副秘书长、高山人家茶叶总经理沈苹展示信阳毛尖休闲泡

❥ 河南省茶叶商会副秘书长、水云间茶叶总经理董涛展示红茶壶泡

❥ 双成茶场陈启军场长示范信阳毛尖手工炒制技艺

三、河南省茶产业未来展望

（一）茶产业发展现状

近年来，在河南省委、省政府的高度重视和《河南省茶产业发展规划》的指引下，全省各产茶市、县政府把茶产业作为一项生态、健康、富民产业，出台政策，强化措施，大力扶持，有力地推进了河南省茶产业的持续快速发展，河南省茶园面积已连续多年位居全国第10位。

1. 茶产业实现了平稳较快发展　在河南省委、省政府的领导下，全省茶区各级党委、政府把茶产业发展放在重要位置，茶产业发展步伐进一步加快，茶产业规模不断壮大，茶产业效益显著提升，河南省茶产业实现了平稳较快发展。截至2020年，河南省茶园面积达到240万亩，采摘面积180万亩，茶叶总产量7.5万吨，总产值近200亿元。

以豫南信阳地市、南阳市、驻马店市等地为茶区龙头，茶园面积和产量占河南省的90%以上。大别山、桐柏山、伏牛山三大茶区版块已经形成，呈现出规模化、产业化、区域化发展的新格局。茶产业已成为河南省茶农收入新的增长点，成为区域经济发展的新亮点。

信阳茶园美景

2. 茶产品结构不断丰富优化　　长期以来，河南省一直以生产信阳毛尖、桐柏玉叶等单一绿茶产品为主。2010年，随着豫南信阳茶区"信阳红"红茶的开发生产，改变了河南省单一生产绿茶的传统格局，并带动了三门峡、济源、洛阳等地市茶产业发展。2014年河南红茶品鉴活动时，已形成"九红闹中原"的可喜局面，也促进了全省各类茶产品的开发利用和茶产业链条的不断延伸，形成了以绿茶、红茶为主导，黑茶、青茶、白茶、花茶等茶类多元发展的良好局面。茶产品结构的优化、产业链条的延伸，向茶叶加工深度进军，一批茶饮料、茶食品、茶药品、茶化工产品等高附加值产品相继问世，大大提高了茶叶综合利用率和经济效益。

3. 茶市场培育方兴未艾　　河南省地处中原腹地，既是重要的茶产区，又是茶叶的主销区，具有诸多的独特市场优势。随着人民生活水平的提高，饮食结构的变化，茶叶消费进入了"全民时代"，中原茶叶市场方兴未艾。据统计，郑州茶叶市场已发展到29个，年销量达5.5万吨，年销售额达90亿元。2013年，农业部和河南省政府批准建设的国家级茶叶市场落户信阳（信阳国际茶城），是目前国内唯一一家国家级茶叶市场，已有来自台湾、福建、四川、云南、贵州、湖南、湖北、江苏、安徽等茶产区500余家厂商入驻经营，"南茶北销、国茶外销、外茶联销"的交易服务平台建设粗具规模。目前，河南省茶产业已形成了以信阳茶区为中心，郑州为"南茶北销"集散中心，形成辐射周边城市和北方省区的茶叶集散地，有效地带动了茶经济的繁荣与发展。

4. 茶文化进一步得到传承弘扬　　在弘扬茶文化上，一方面加大宣传力度，普及茶知识，倡导"茶为国饮、科学饮茶"新风尚，并充分利用信阳国际茶文化节、郑州茶业博览会及各种茶事活动，丰富茶文化内涵，提升茶文化价值，促进茶文化发展。另一方面，根据中原茶文化资源丰富、优势突出的特点，以挖掘、保护、研究、开发为重点，先后对济源卢仝茶文化、开封宋茶文化、郑州茶馆文化等进行考察和调研，多次成功举办了宋茶文化研讨会、卢仝茶文化研讨会，促进了卢仝茶文化历史的遗存保护和修复，推动了宋茶文化资源的开发和利用，茶文化传承创新取得了新成果。

（二）茶产业发展存在问题

1. 消费需求与产品供给之间的矛盾　近年来，国内外茶叶市场需求发生着深刻变化，特别是我国经济发展和作风建设进入了新常态，对茶叶的生产和消费产生了重要影响。2013年以来，随着作风建设的落地生根，十九大提出：推进党风廉政建设和反腐败斗争，我国的经济发展步入了新常态，全国茶行业的稳定发展也进入新常态，即国际市场日趋饱和稳定，国内市场需求发生明显变化。茶叶消费更加多元化，各类茶品消费热潮不断变化，高端市场继续萎缩，中低端市场不断扩大，茶叶消费两极分化的现象更加明显。而随着科学技术、信息传播以及大众生活水平的日益提高，人们对"健康"的向往日益重视，对饮茶保健的理念也越来越认同。虽然目前广大茶企茶农意识到了市场形势的变化，但转型升级，调整产品结构，适应市场形势变化还需要一个过程，在市场消费需求与产品供给之间还存在一定的矛盾。

2. 茶价回落与生产成本走高之间的矛盾　近年来，河南省各茶区劳动力短缺现象明显，采茶成本上涨、茶青下树率低等现象持续出现甚至愈演愈烈，影响了茶园效益的充分发挥和提升。以信阳为代表的茶区，是劳务输出大市，大量的农村劳动力向城市转移。同时，河南又以生产名优茶为主，茶叶生产从茶园管理、采摘到炒制、精加工诸多环节主要还是靠人工完成，劳动效率低，生产成本高，市场竞争力低。另一方面，随着茶叶市场消费趋于理性，高端茶市场明显萎缩，茶叶价格也逐步回落，进一步压缩了茶企茶农尤其是大型茶企业的利润空间，直接影响茶企茶农的经济效益。

3. 质量安全的约束与产品质量安全存在隐患的问题　近年来，伴随茶产业规模的不断壮大，河南省新发展茶园中浅山丘陵茶园和"稻改茶"平地茶园面积增多，病虫害发生概率增大。随着信阳红茶、黑茶、乌龙茶等茶类的兴起，夏秋茶的采制逐步增加，但如何控制鲜叶农残仍需引起重视。虽然河南省大部分茶区仍以分散种植、茶农自产自销为主，茶叶清洁化、标准化安全生产任重而道远。受全球气候异常风向变迁，茶园小环境因素影响等，茶园种植管理环节病虫害综合防治技术亟须加强，茶树病虫害绿色防控技术需要大力推广。

4.传统营销消费模式与电商新业态新消费模式之间的互补融合问题 长期以来,河南省茶叶营销模式主要是生产企业成立营销队伍,建立销售网络,通过直销、代理、连锁、加盟等方式,设立品牌形象店、展示展销店和批发、零售、专卖店等形式,或是通过茶叶经销商、茶叶经纪人来实现产销快速对接,也有部分消费者走进茶乡购买,实现产销直接见面,减少流通环节,还有少量是实现订单生产销售。近年来,随着O2O模式的广泛普及,越来越多的品牌茶企开始在天猫、淘宝、京东、抖音直播等第三方平台开设旗舰店,电商化已成为品牌企业拓展销售途径的新方向。茶叶电子商务发展已呈井喷之势,网络销售不仅能够降低交易成本,而且能够快速扩大市场,引领消费潮流。但如何引导茶企认真研究并充分利用电商这一营销新业态,鼓励和扶持更多的企业和品牌利用全国知名的电商平台,发展电子商务,做到传统营销消费模式与电商新业态新消费模式之间的互补融合,是摆在面前的一个重要课题。

(三)茶产业发展新举措

十九大指出:加快推进农业现代化,开启全面建设社会主义现代化国家新征程。仅河南省茶产业而言,就是要认真贯彻落实以上要求,着力适应发展新常态,做到"四个转变",即增长方式由依靠面积扩张、管理粗放模式向质量效益提高、精细化管理集约方式转变,生产方式由劳动密集型小生产向技术人才密集型标准化生产转变,消费方式由生产引领型产品导向向市场引领型品牌导向转变,发展方式由传统农业向一、二、三产融合的现代农业转变。

1.大力调整产品结构,有效解决供需矛盾 近两年,因不可抗力的原因,茶叶市场出现了巨大波动,多数茶企出现茶叶滞销、茶价下降、经营困难等现象,究其本质是管控造成了茶叶消费需求发生了变化。从这个意义上讲,茶叶消费需求深度调整是茶产业发展的历史必然,茶叶作为绿色健康饮品,将会受到越来越多消费者的青睐,而总体消费需求呈刚性增长的趋势将不会改变,但茶叶产销形势将不断回归理性。中低端品质好、性价比高、价格实惠的大众茶将成为消费的主流。为此,河南茶产业必须认清形势,坚定信心,主动适应市场需求新变化,大力调整产品结构,生产更多更好、市场潜力巨大、面向普通消费者的中低端茶叶产品，努力开发生产性价比高、价格实惠的茶叶新品种、新产品，满足大众消费需求。可以看到，同全国其他茶区一样，河南省茶叶产销形势的深度调整才刚刚起步，这将是今后一个相当长的时期里河南茶界面临的重大课题，也是对广大茶企、茶农和茶叶生产经营者的一大考验。

2. 大力推进生态茶园建设，从源头上化解质量安全隐患问题　打造生态茶产业基地，是在新常态下的转型升级中实现茶业增效、茶农增收的有效途径。河南省地处中原，属于我国的江北茶区，也是我国的北方边缘茶区，打造生态茶产业基地既有独特的自然条件，又有良好的生态优势，更要有坚实的产业基础。2011 年以来，河南省制定并实施了《河南省茶产业发展规划（2011—2020）》，把生态茶园建设作为重要内容，并圆满完成规划指标，新的下一个五年规划正在制定中。而从 2013 年起，信阳市政府逐年出台关于茶叶质量安全的红头文件，

还与中国农科院茶叶研究所开展"市所战略合作"，实施了生态茶园绿色防控"三年行动计划"，大力推广茶树病虫害绿色防控技术，加快建立茶叶质量安全可追溯体系建设，推进有机、绿色、无公害生态茶园建设，切实提高河南省茶叶质量安全管理水平，确保茶叶从"茶园到茶杯"的质量安全。

❧ 素手采摘信阳毛尖

3. 大力发展茶叶电子商务，努力开拓城乡消费市场　茶叶销售电商化是信息化条件下互联网、物联网、区块链快速发展带来的茶叶营销模式的创新，不仅信息量巨大、消费便捷，实现了产销直接见面，而且还能大大降低营销成本，引领消费潮流，让消费者随时可以购买到价廉物美、称心如意的茶叶产品，同时也契合了茶叶消费群体日益年轻化这一趋势。近年来，茶叶营销模式也在不

断创新。随着网络化、信息化水平的不断提高，茶叶传统的营销模式已不能适应当下千变万化的市场形势，茶叶电子商务营销模式已成为新常态下茶产业发展的新方向。茶叶电商是茶叶营销的新业态，是茶叶传统营销模式的创新发展，是信息化"互联网＋"时代茶叶产销领域的一场巨大变革，必须认真研究分析并紧紧抓住这些营销新业态，引导鼓励企业积极参与，在不断创新的营销模式中，努力开拓城乡消费市场和大众消费市场结合，让茶叶真正走进千家万户。

4. 大力发展茶文化旅游，积极拓展茶产业发展新空间　茶文化内涵丰富，有着深厚的文化底蕴，茶文化与旅游相互促进、相互交融，是一项重要的特色旅游资源。茶文化旅游作为一种文化旅游内容，不仅可以增强茶产业的生命力，提高经济效益，还能够带动相关产业的发展，获得更多的经济回报，同时对于弘扬传统茶文化，提升城市品位具有重要作用。

近年来，随着我国茶产业的不断发展壮大和旅游业的不断升温，茶文化旅游吸引了越来越多的游客，茶文化旅游在政治、经济、环境、文化及社会等各个领域发挥着积极的促进和引导作用。

目前，河南省充分发挥深厚的历史文化底蕴和丰富的旅游资源优势，进一步

🍃 信阳浉河区睡仙桥茶叶特色小镇

做强做优茶产业，传承弘扬茶文化，以产业兴盛、文化繁荣推动河南省茶文化旅游的快速发展，努力打造特色茶文化旅游名片。

5. **创新发展方式，大力发展现代茶产业**　一是大力推广机械化生产，降低成本，提高劳动生产力。充分利用国家实行购置农机补贴政策，积极引进国内外先进的茶园管理机械和生产机械，大力推广茶叶采摘机械，不断提高茶叶管理、生产和采摘机械化水平，努力实现茶叶加工生产的清洁化、连续化、自动化，不断降低生产成本，提高劳动生产力，提升产业效益。

二是大力实施标准化生产，树品牌提品质。研究制定并不断完善茶叶产制标准及技术规程，将标准化生产贯穿到基地建设、茶园管理、生产加工、市场销售等各个环节，建立健全茶叶标准化生产体系，努力构建"生产有标准、产品有标志、经营有品牌、质量有检测、认证有程序、市场有监管"的标准化格局，不断提升茶叶的质量。

三是大力推进产业化经营，培育龙头企业市场主体。按照集聚发展和"扶优、扶强、扶大"的原则，继续培育壮大茶产业集群和茶产业集聚区，重点培育扶持一批产业基础好、辐射带动能力强、品牌影响力大的龙头企业，大力发展茶叶专业合作社和茶叶家庭农场，发展壮大茶叶经纪人队伍，培育市场主体，努力提升产业化经营水平，不断提高茶产业的市场竞争力。

四是大力推行社会化服务，建立体系，实现合作发展。随着新型工业化、城镇化、信息化和农业现代化的快速推进，"谁来种茶，怎么管茶，方便卖茶"的问题日益突出。探索建立健全专业化的生产保障体系、市场化的社会服务体系和合作化的互利共赢体系，专业化的生产保障体系，可从良种繁育、测土配方施肥、绿色生态茶园建设、病虫害科学防治、毛茶加工、茶品深加工、质量安全可追溯、绿色环保包装的设计制作等方面提供技术人才服务。市场化的社会服务体系可通过茶园流转、代管、托管等方式，将茶园田间管理、机械化采摘修剪、病虫害统防统治、毛茶精制加工、运输包装、仓储物流及宣传推介、市场开拓等业务全部推向市场，以购买服务的方式实现服务社会化。合作化的互利共赢体系，就是通过"龙头企业＋基地＋农户"、茶叶专业合作社、产业联盟、茶旅一体化、线上线下结合等模式，实现教科研、产加销、贸工农之间更紧密的利益联络，通过全产业链联合合作、订单生产、社会化分工，精准产能定位等方式达到双赢多赢。

"十三五"规划已全面收官，未来五年，河南省茶产业正处于转型发展的关键时期，发展茶产业既有独特的自然禀赋、悠久的历史文化、良好的交通区位和人口大省的市场潜力等先天优势，又有国家粮食生产核心区、中原经济区、郑州航空港经济综合实验区、豫南三市产业聚集区"四区"联动发展的历史机遇，更有国家支持大别山革命老区发展振兴和迈步小康等政策机遇，但也面临多地发展不平衡、瓶颈制约多、市场竞争激烈、转型压力大等困难和问题，可以说是机遇与挑战并存。

展望"十四五"，要实现产茶大省到茶产强省的目标，一定要认真学习贯彻落实十九大提出的"实施乡村振兴战略，强农惠农，在提质增效、转型升级上迈出新步伐，在支撑农业、富裕农民、繁荣农村方面取得新成效"。在建设生态文明、美丽河南的进程中实现新突破，努力将河南打造成为全国茶产业发展新高地、全国重要的茶叶集散地和全国重要的茶文化活动中心，为实现中原崛起、河南振兴、富民强省做出茶产业应有的贡献。

参考文献

陈椽，2008.茶业通史（第二版）.北京：中国农业出版社.

陈宗懋，1992.中国茶经.上海：上海文艺出版社.

程启坤，2008.信阳毛尖.上海：上海文艺出版社.

程书祥，1989.信阳毛尖.郑州：黄河文艺出版社.

黄执优，2004.信阳毛尖古今谈.信阳：中共信阳市知识分子工作办公室.

黄执优，2017.信阳茶论.信阳：信阳市老新闻工作者协会.

竟鸿，2004.名茶掌故.天津：百花文艺出版社.

阚贵元，2001.五云茶韵.北京：中国文联出版社.

李伟，2005.信阳毛尖专辑.郑州：中原农民出版社.

刘业群，2003.信阳风光.北京：中国文化出版社.

钱远昭，刘慧芳，1998.河南茶叶.郑州：河南科学技术出版社.

阮浩耕，2001.茶叶基础百说.杭州：浙江摄影出版社.

沈培和，张育松，陈洪德，等，1998.茶叶审评指南.北京：中国农业大学出版社.

王银峰，1992.信阳茶叶资源优势与发展研究.郑州：河南科学技术出版社.

信阳地区地方史志编纂委员会，1990.信阳县志.郑州：河南人民出版社.

赵主明，2011.信阳茶诗词联选.香港：中国文化出版社.

特别的茶献给特别的您

匆匆忙忙，终于结稿了。

徜徉在信阳毛尖茶的海洋里无法自拔，也许这就是一种爱茶的情结，近二十年来，茶不仅带给了我快乐的根本，也是生活的基础。应该感谢这无意间步入的正途。

在本书的写作过程中，承蒙陈启军先生提供图片、信阳市农业科学院金开美副研究员撰写"信阳毛尖茶园基地建设与管理"的内容，以及茶界企业家、文化学者、茶友、家人等的支持与抬爱，在此一并致谢。

书虽然写完了，可茶的故事还在延续。这个课题太长，长到我无法用生命的全部去衡量和讲述。能说的还是易中天先生的那句老话：表扬批评，都很欢迎；知我罪我，一任诸君。

但愿茶长久，千里传真味。

信阳毛尖，特别的茶献给特别的您……

袁 泉

2021年11月5日于郑州